犬のおさんぽニット

ひょうどうよしこ

Contents

how to make
p.34-35

sweater
A
モヘアのボーダーセーター

サイズ／ XS・S・SM・M

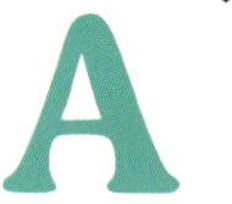

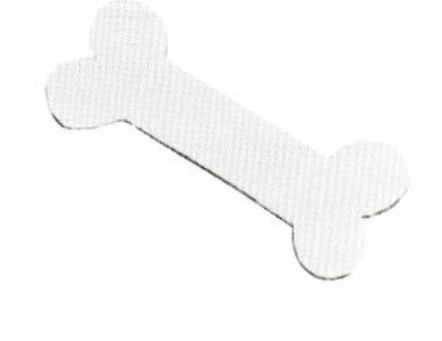

how to make
p.36-38

sweater
B
プードルの編込みセーター

サイズ／S・SM・M

p.39-41

ノーブルノットセーター

サイズ／S・SM・M・ML

how to make
p.42-43

sweater
D
レーシーフリルセーター

サイズ／ XS・S

how to make
p.44-45

sweater

E

レースパターンセーター

サイズ／ XS・S

how to make
p.46-49

sweater
F
チェックパターンセーター

サイズ／ DSS・DS・DM

how to make
p.50-53

sweater

G

ノルディックセーター

サイズ／XS・S・M・ML

how to make
p.50-53

sweater

H

ノルディックセーター

サイズ／XS・S・M・ML

how to make

p.54-55 p.56-57

case

ペットボトルケース

tote bag

J

フェアアイルバッグ

how to make
p.58-59 p.60-63

vest

K
フェアアイルベスト

sweater

L
フェアアイルセーター

サイズ／S・SM・M

how to make
p.64-66

sweater

M
ケーブルセーター

サイズ／M・ML・L

how to make
p.64-66

sweater

N

ケーブルセーター

サイズ／M・ML・L

how to make

p.68-69

cape

O

ケープ

サイズ／ M・ML・L・XL

how to make
p.67

sweater

P

ロピーセーター

サイズ／ XL

how to make

p.70-73

DOG KNIT

sweater

Q

アランセーター

サイズ／ M・ML・L

how to make
p.74-75

sweater
R
アランセーター

how to make

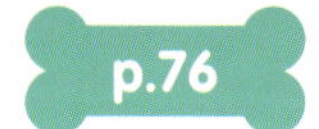

S

M

collar

S

スモックカラー

L

how to make
p.77

muzzle

T
口輪

how to make
p.78-81

crochet house U
クロッシェハウス

how to make
p.89-90

dog toy
V
ドッグトイ

how to make
p.82-83

mat

W

ペットマット

how to make
p.88-89

oval bed

X オーバルベッド

how to make
p.84-85

カフェマット＆
スリーピングバッグ

how to make
p.86-87

bag

Z

スリングバッグ

Dog's profile

モデルをしてくれたワンちゃんたち

SIZE　首回り／胴回り／背丈（サイズ）　単位はcm

ティナ
ヨークシャー・テリア
1歳　♀
SIZE 16.5/26/29（XS）

ルナ
マルチーズ
8か月　♀
SIZE 19/30/25（XS）

アン
チワワ
5歳7か月　♀
SIZE 19/31/24（XS~S）

レオン
チワワ
3歳3か月　♂
SIZE 19/30/24（XS~S）

ベイダー
トイ・プードル
2歳4か月　♂
SIZE 27/40/35（SM）

フジコ
トイ・プードル
13歳8か月　♀
SIZE 24/39/34（SM）

りく
キャバリア・キングチャールズ・スパニエル
2歳　♂
SIZE 31/46/42（ML）

つむじ
ボストン・テリア
5か月　♂
SIZE 30/45/38（M～ML）

ペコ
ミニチュア・ダックスフント
4歳8か月　♀
SIZE 26/37/33（DS）

ラムダ
シェットランド・シープドッグ
8歳　♂
SIZE 35/60/56（XL）

チップ
シュナウザー
11歳　♂
SIZE 32/54/39（L~XL）

夏姫（なつき）
柴犬
4歳3か月　♀
SIZE 36.5/55/35（L～XL）

エイミー
ゴールデン・レトリバー
8歳6か月　♀
SIZE 首回り46（5XL）

How to knitting

編み始める前に

セーターを編み始める前に、採寸します。
写真を参照して、首回り（A）、胴回り（B）、背丈（C）の長さをはかり、
それぞれの数字を、下のサイズ表にあてはめます。
犬のサイズは個体差があるため、ぴったりあてはまらない場合がありますが、
ニットは伸縮性があるので、多少サイズが違っても大丈夫です。
次ページでは、手軽にサイズ変更する方法を紹介していますので参考にしてください。

サイズのはかり方

C 背丈
首のつけ根から
しっぽのつけ根までの長さ。

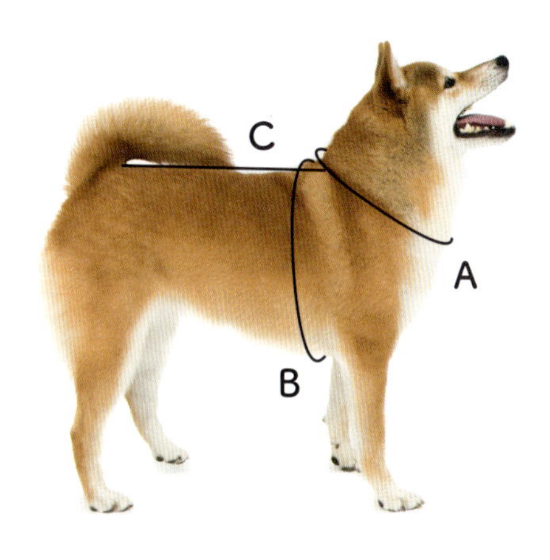

A 首回り
首輪をつける位置。

B 胴回り
前足のつけ根を1周した長さで、
胴のいちばん太い部分。

Size list

サイズ表 単位はcm

小型犬・中型犬

サイズ	首回り（A）	胴回り（B）	背丈（C）	目安体重	参考犬種
XS	20（19～21）	30（28～32）	22（20～23）	1.5kg 前後	チワワ、ティーカップ・プードル、パピー、マルチーズ、ヨークシャー・テリア
S	22（20～24）	34（32～36）	25（23～27）	1.5～2kg	チワワ、トイ・プードル（小）、ヨークシャー・テリア、ミニチュア・ピンシャー
SM	25（23～27）	38（36~40）	27（25～29）	2～3kg	チワワ（大）、トイ・プードル（小）、パピヨン、ポメラニアン、ヨークシャー・テリア
M	27（25～29）	42（40～44）	29（27～31）	4.5～5.5kg	シーズー、トイ・プードル、マルチーズ
ML	30（28～32）	46（44～48）	33（31～35）	4.5～6kg	シーズー、ミニチュア・シュナウザー
L	34（32～36）	52（50～54）	35（33～37）	6～7kg	柴犬、ビーグル
XL	36（34～38）	54（52～56）	37（35～39）	8～10kg	柴犬、フレンチ・ブルドッグ、シェットランド・シープドッグ

ダックスフント

サイズ	首回り（A）	胴回り（B）	背丈（C）	目安体重	参考犬種
DSS	22（20～24）	34（32～36）	30（28～32）	2～3kg	カニンヘン・ダックスフント
DS	25（23～27）	37（35～39）	33（31～35）	3～4kg	ミニチュア・ダックスフント
DM	28（26～30）	40（38～42）	36（34～38）	4～5kg	ミニチュア・ダックスフント、ダックスフント

ゲージについて

ゲージとは「編み目の大きさ」のことです。作品と同じ糸、針で約15cm四方の編み地を編み、目を整えてから中央の10cm四方の目数と段数を数えます。この数がゲージです。同じ糸でも編む人の手加減によって変わります。指定のゲージより目数、段数が少ない場合は針を1～2号細く、多い場合は針を1～2号太くして、指定のゲージに近づけます。

作品のサイズと調整

この本で紹介したセーターは、サイズ表（p.31）をもとに、小型犬・中型犬はXS～XLサイズ、ダックスフントはDSS～DMサイズをベースに展開し、編み方ページには、そのうち2～4サイズの製図と、モデル犬（p.30）に合わせて製図を掲載しています。犬は同じ犬種でも個体差が大きく、サイズは必ずしも一致しません。ニットは伸縮性があるので、多少違っても大丈夫ですが、編む前に作品のサイズを参照しながら、ワンちゃんのサイズに合わせて目数や段数を調整し、できるだけ着心地のいいセーターを編んであげてください。

犬のサイズに合わせて調整する方法

編み方ページの製図をもとに目数、段数を調整します。
まず、サイズと製図の見方を覚えましょう。

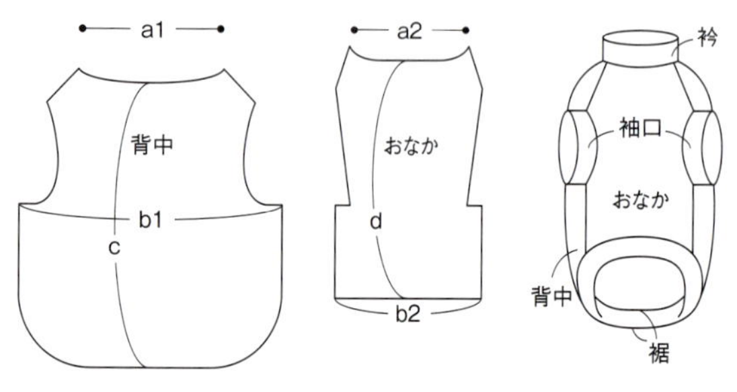

A（a1＋a2）
C（c＋裾）
袖口
背中
衿
おなか
裾
B（b1＋b2）
D（d＋裾）

●首回り（A）＝背中 a1 ＋おなか a2　●胴回り（B）＝背中 b1 ＋おなか b2
●背丈（C）＝背中 c ＋裾の幅　●前丈（D）＝おなか d ＋裾の幅
※ Dは首回りから裾までの長さ（下の右写真を参照）

首回り・胴回りを調整

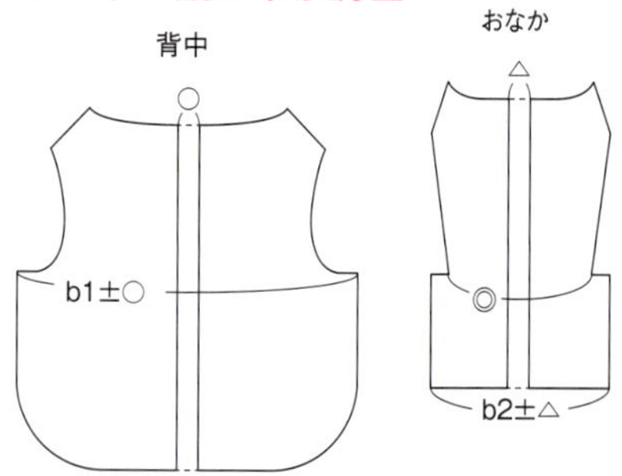

背中・おなかの中央の直線部分で増減します。首回りの調整は、衿の目数や棒針の太さを変えてください。

おなかの中央（△）で増減する場合は、前足のつけ根の内側（◎）を採寸します。◎の寸法±1cmくらいの仕上りになるように目数の調整をします。

背丈を調整

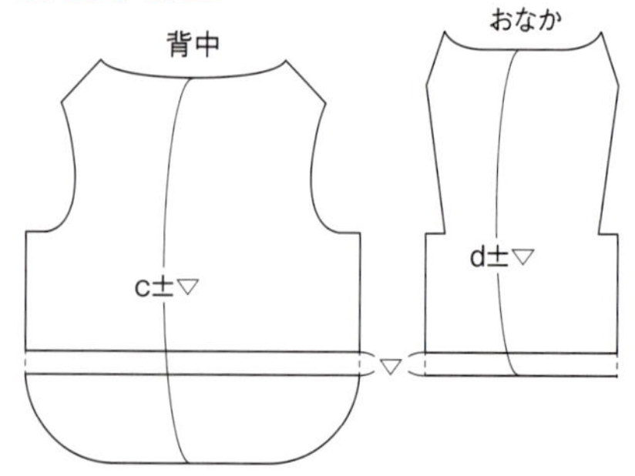

背中とおなかの裾側の直線部分で増減します。背中の長さはお好みでアレンジしてください。男の子は前丈を調整します。

男の子の場合

前丈（D）を採寸します。おなかは短め（おしっこがかからない長さ）にします。

模様編みの配置

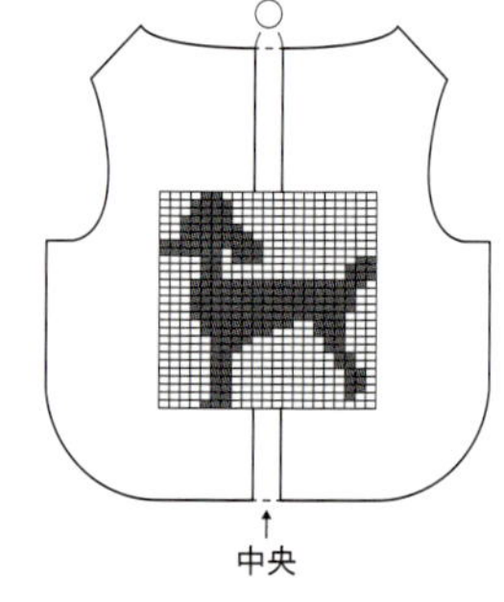

背中の中央に模様編みがあるデザインは、模様の中央を合わせて、○部分で切り開きます（または重ねる）。一模様単位で左右対称に増減します。図のように一模様が大きい場合は、模様を中央に配置し、メリヤス編みの目数を増減します。

製図の見方

ここではノーブルノットセーターのSMサイズの、背中の編み方図を例に解説します。
ほかの作品を編むときも参考にしてください。
巻末には手編みの基礎を掲載しています。

❶編始め位置
❷寸法（cm）と目数
❸寸法（cm）と段数
❹編む方向
❺編み地の名前
❻針の太さ
❼計算

13（20目）
2目
14目 伏せ目
2（4段）
2段平ら
2-3-1 減
2目
1段平ら
2-1-2
3-2-1 減
3.5（8段）
20.5（32目）
9（20段）
1段平ら
6-1-2 増
2-1-2
3-2-1 減
2目 伏せ目
2目 伏せ目
26（40目）
7.5（16段）
背中
❺→ 裏メリヤス編み
❻→ 10号針
❸
6.5（14段）
1段平ら
2-1-2
3-1-1
2-2-3 増 ←❼
段 目 回 ごと
❹→
❷
14（22目）
作り目 ←❶

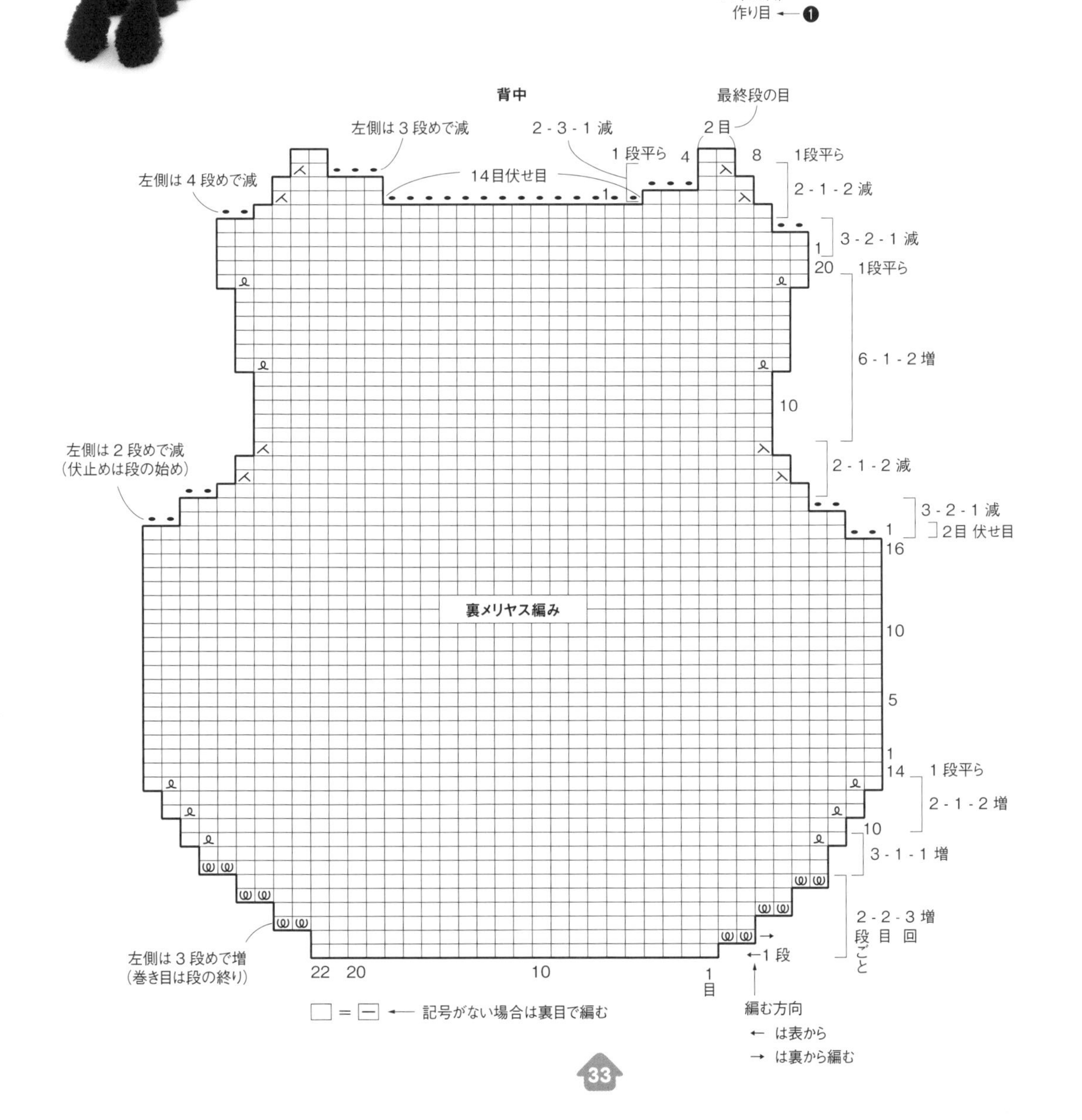

A モヘアのボーダーセーター

p.4-5

サイズ（単位はcm）

	首回り	胴回り	背丈
XS	20	32.5	25.5
S	21.5	37	25.5
SM	24.5	40.5	28.5
M	28	45	29.5

p.4、5 ともモデルは XSを着用

〈 糸 〉 DARUMA ウールモヘヤ
使用色番号は配色表参照
XS— a色 10g、b色 8g、c色 5g
S— a色 12g、b色 9g、c色 6g
SM— a色 14g、b色 11g、c色 7g
M— a色 16g、b色 13g、c色 8g

〈 用具 〉 10号2本棒針、8号4本棒針

〈 ゲージ 〉 メリヤス編み（縞） 14目19段が10cm四方

〈 編み方 〉

糸は1本どりで、指定の配色で編みます。

背中は8号針で指に糸をかける作り目で編み始めます。1目ゴム編み（縞）で編み、10号針に替えてメリヤス編み（縞）で編みます。袖ぐり、肩は図のように増減目しながら編みます。後ろ衿ぐりは伏止めにします。編終りの目に糸端を通して始末します。

おなかは背中と同要領で編みます。編終りは伏止めにします。

脇と肩をすくいとじで合わせます。

衿、袖口は背中とおなかから拾い目をして1目ゴム編みで輪に編みます。編終りは伏止めにします。

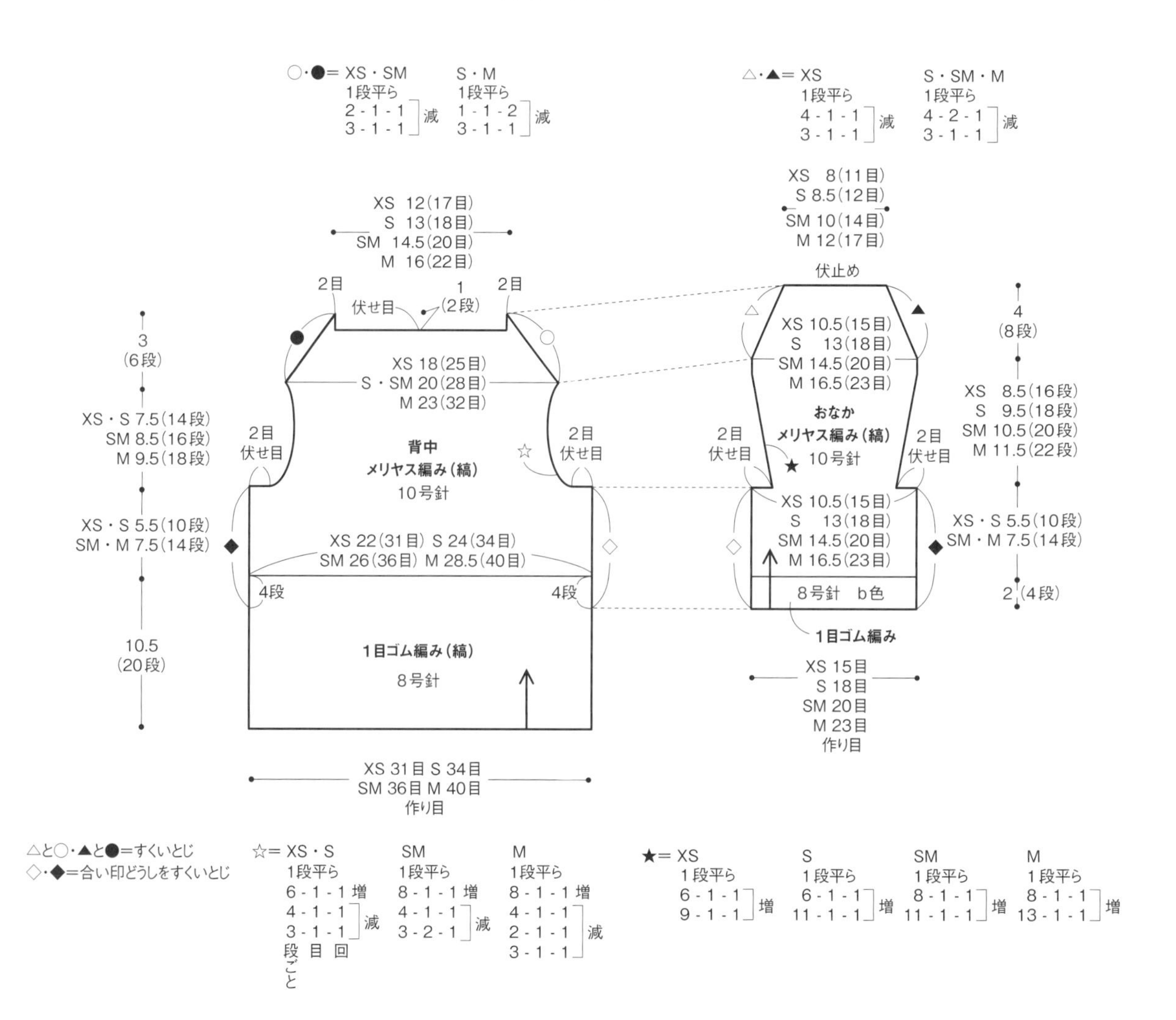

配色		p.4	p.5
a色	□	ミント(3)	ベビーピンク(9)
b色	■	チェリー(4)	チェリー(4)
c色	▢	スカイブルー(8)	ベージュ(2)

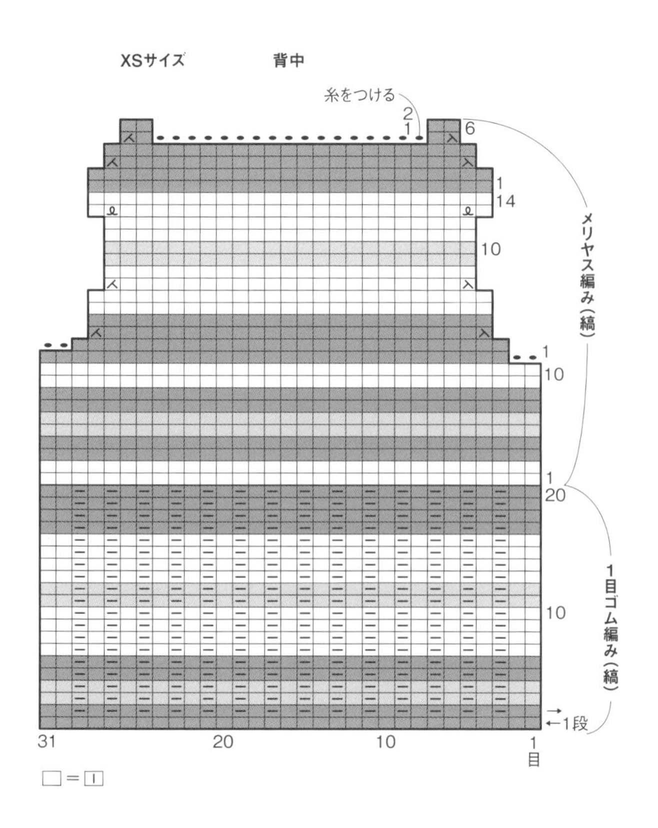

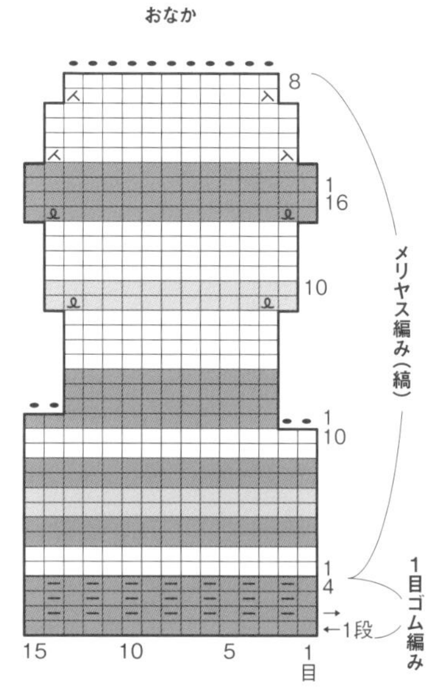

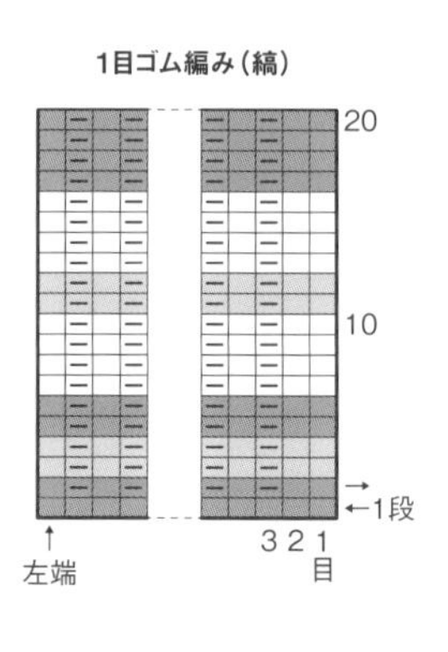

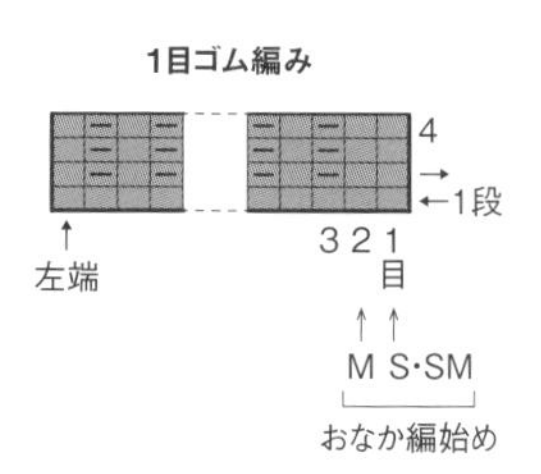

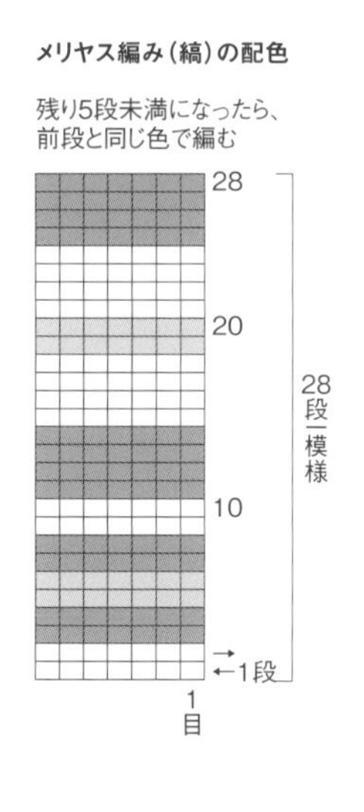

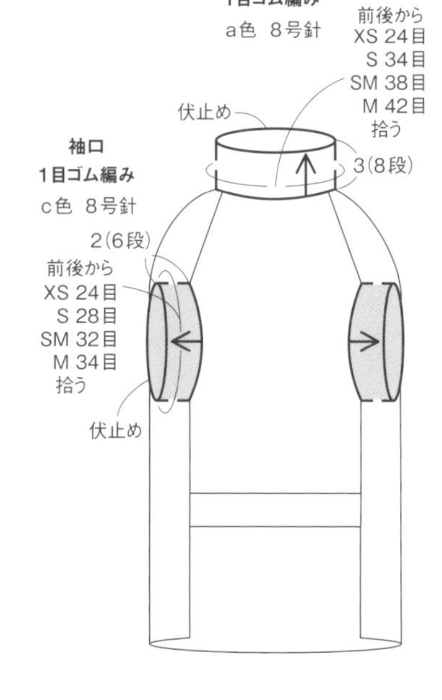

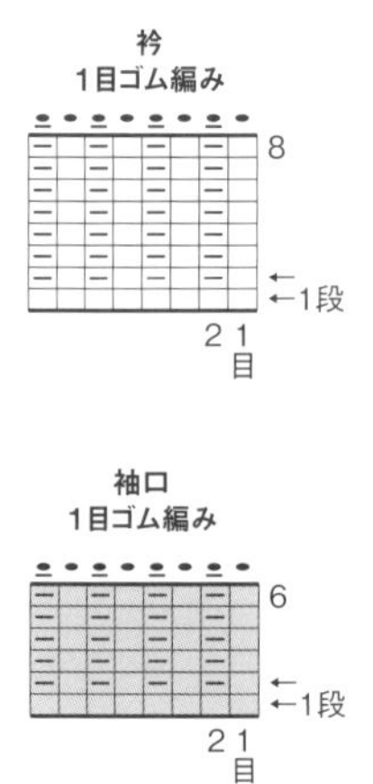

B プードルの編込みセーター

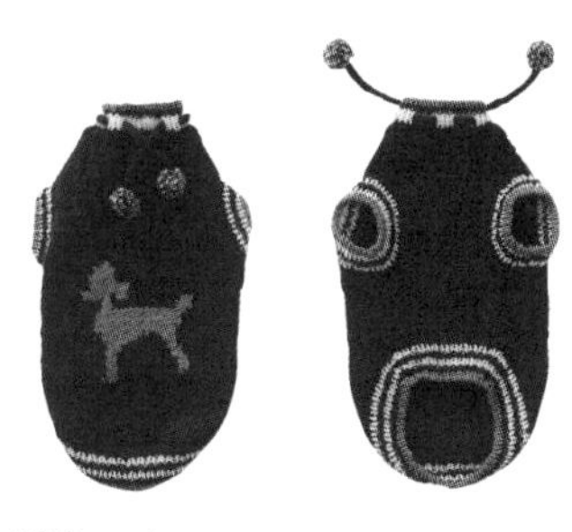

サイズ（単位はcm）

	首回り	胴回り	背丈
S	21	34	25.5
SM	23	38	26.5
M	25	42	28
モデル着用	22	40	33.5

モデル着用＝SMの首回りを細く、胴回りを太く、背丈を長くアレンジ
（製図はp.38）

〈 糸 〉 ハマナカ フーガ《ソロカラー》
使用色番号は配色表参照
S― a色 30g、b色 7g、c色 5g
SM― a色 36g、b色 8g、c色 6g
M― a色 41g、b色 9g、c色 7g
モデル着用― a色 46g、b色 10g、c色 7g

〈 用具 〉 8号2本棒針（玉なし）、7号4本棒針

〈 ゲージ 〉 メリヤス編み・編込み模様　18.5目25段が10cm四方

〈 編み方 〉

糸は1本どりで、指定の配色で編みます。

背中は指に糸をかける作り目で編み始めます。メリヤス編みで増しながら編みます。プードルの編込み模様は、縦に糸を渡しながら編みます。袖ぐり、肩、後ろ衿ぐりは増減目しながら編みます。編終りの目に糸端を通して始末します。

おなかは別鎖の作り目で編み始め、背中と同要領で編みます。

脇と肩をすくいとじで合わせます。

裾、衿、袖口は、背中とおなかから拾い目をして1目ゴム編み（縞）を輪に編みます（おなかは別鎖をほどいて目を棒針に移す）。編終りは1目ゴム編み止めにします。コードを編み、衿の1目ゴム編み（縞）のおなかの中央から、左右対称に通します。ポンポンを作り、コードの先にとじつけます。コードの長さは犬の首回りに合わせて調節します。

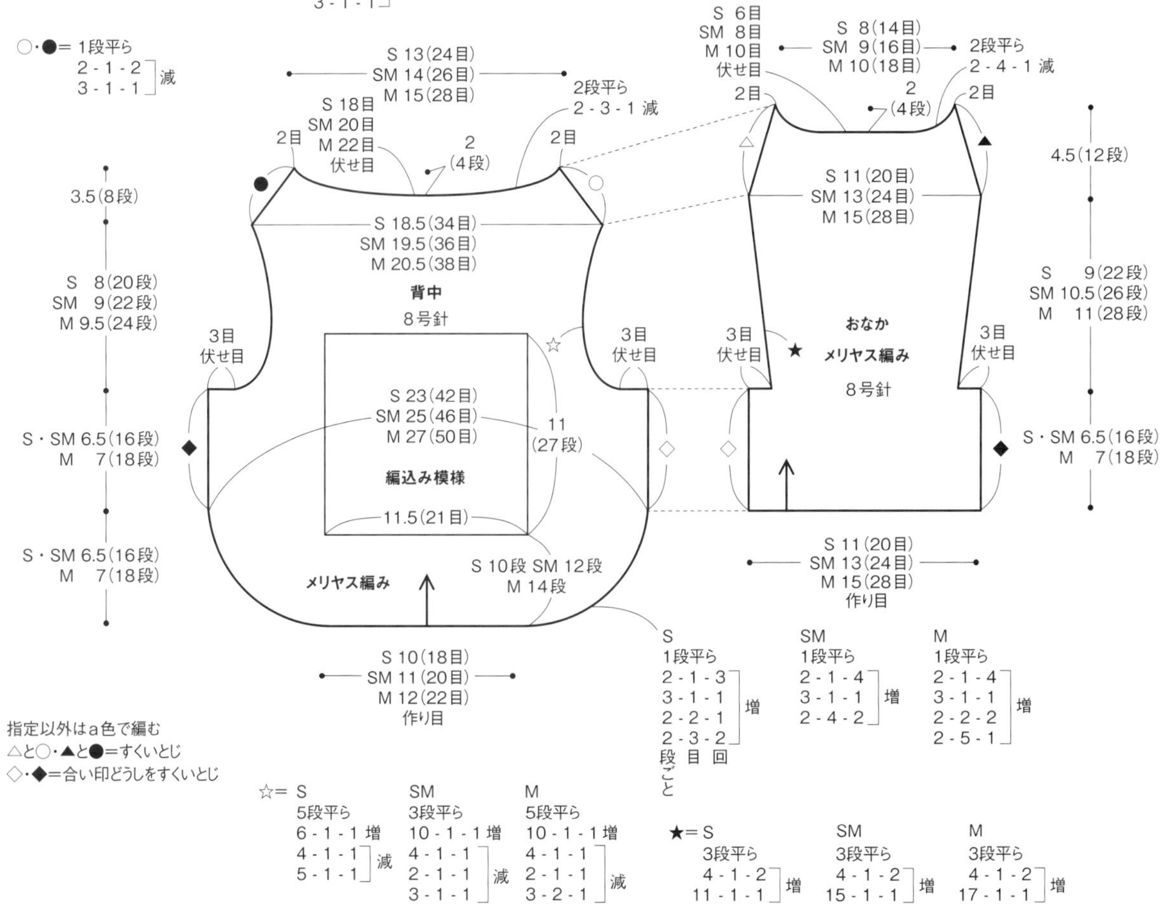

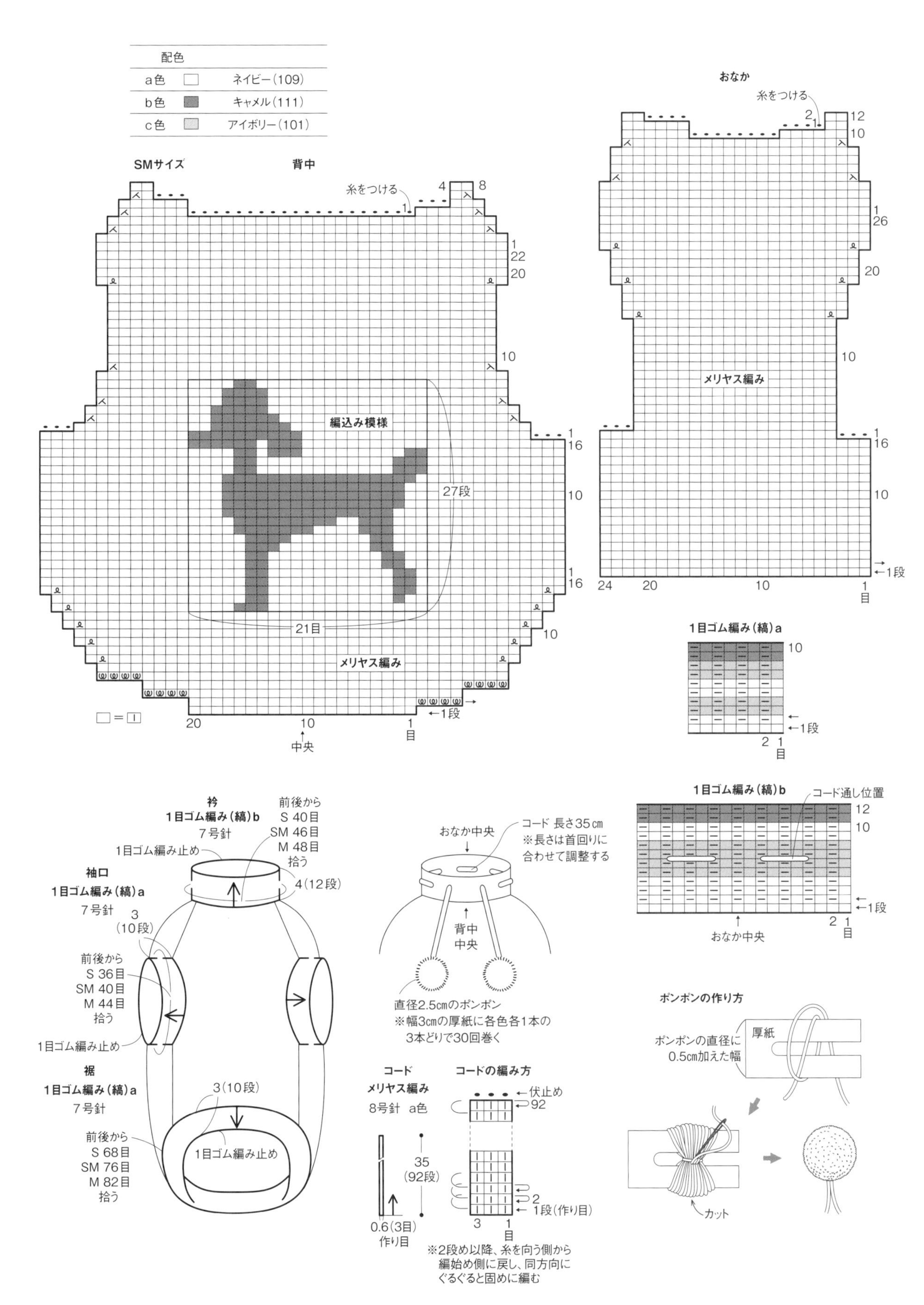

配色
a色 ネイビー(109)
b色 キャメル(111)
c色 アイボリー(101)
SMサイズ
背中
糸をつける
編込み模様
27段
21目
メリヤス編み
中央
1段
1目
おなか
糸をつける
メリヤス編み
1段
1目
1目ゴム編み(縞)a
1目ゴム編み(縞)b
コード通し位置
おなか中央
衿
1目ゴム編み(縞)b
7号針
前後から
S 40目
SM 46目
M 48目
拾う
1目ゴム編み止め
4(12段)
袖口
1目ゴム編み(縞)a
7号針
3
(10段)
前後から
S 36目
SM 40目
M 44目
拾う
1目ゴム編み止め
裾
1目ゴム編み(縞)a
7号針
3(10段)
前後から
S 68目
SM 76目
M 82目
拾う
1目ゴム編み止め
おなか中央
コード 長さ35cm
※長さは首回りに
合わせて調整する
背中
中央
直径2.5cmのポンポン
※幅3cmの厚紙に各色各1本の
3本どりで30回巻く
コード
メリヤス編み
8号針 a色
35
(92段)
0.6(3目)
作り目
コードの編み方
伏止め
92
1段(作り目)
※2段め以降、糸を向う側から
編始め側に戻し、同方向に
ぐるぐると固めに編む
ポンポンの作り方
厚紙
ポンポンの直径に
0.5cm加えた幅
カット

モデル着用　編込み模様、1目ゴム編み（縞）a、b
の記号図はp.37参照

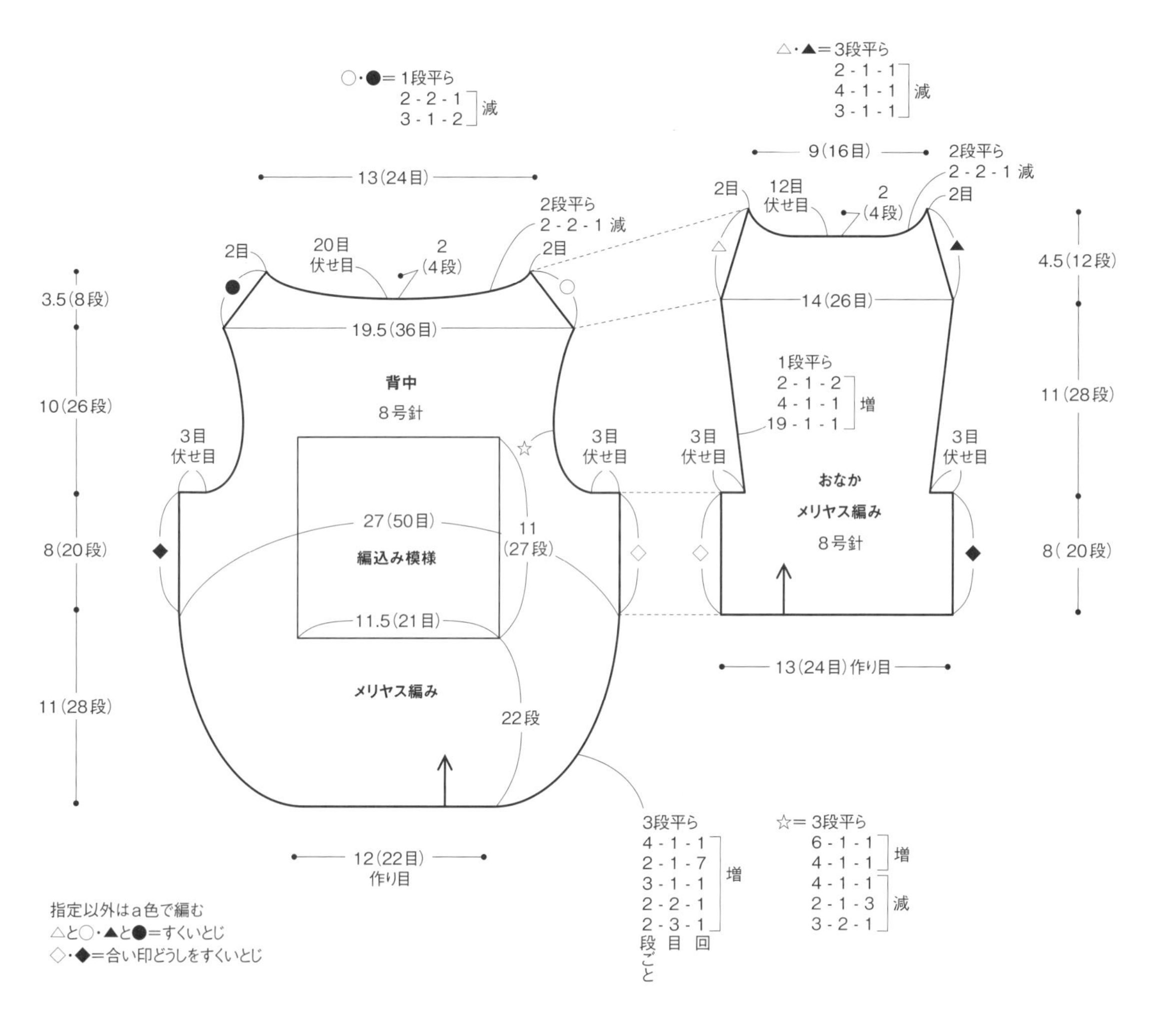

指定以外はa色で編む
△と○・▲と●＝すくいとじ
◇・◆＝合い印どうしをすくいとじ

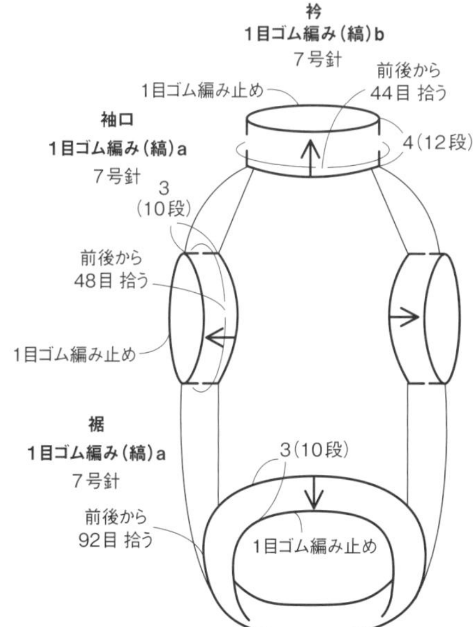

C ノーブルノットセーター p.7

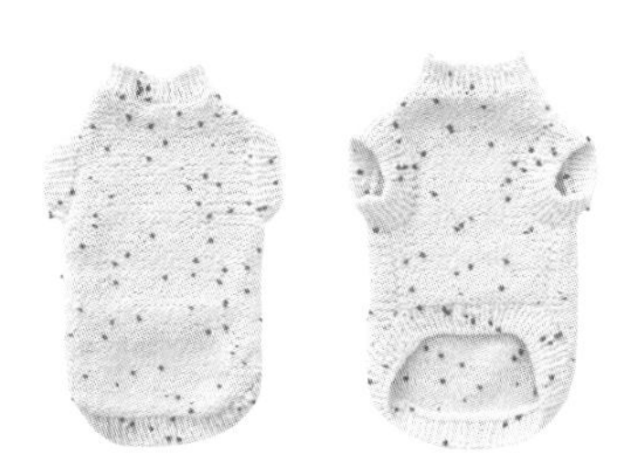

サイズ（単位はcm）

	首回り	胴回り	背丈
S	21	37.5	25.5
SM	23.5	40	27.5
M	26	44	29.5
ML	30	46.4	32.5
モデル着用	23.5	41	34.5

モデル着用＝SMの胴回りを太く、背丈を長くアレンジ
（製図はp.41）

〈 糸 〉　DARUMA ポンポンウール
ホワイト×ブルー（9）
S―60g　SM―70g　M―80g　ML―100g
モデル着用―90g

〈 用具 〉　10号2本棒針、8号4本棒針

〈 ゲージ 〉　裏メリヤス編み　15.5目22段が10cm四方

〈 編み方 〉

糸は1本どりで編みます。

背中は指に糸をかける作り目で編み始めます。裏メリヤス編みで増しながら編みます。袖ぐり、肩、後ろ衿ぐりは増減目しながら編みます。編終りの目に糸端を通して始末します。

おなかは背中と同要領で編みます。

脇と肩をすくいとじで合わせます。

裾、衿、袖口は、背中とおなかから拾い目をして1目ゴム編みを輪に編みます。編終りは1目ゴム編み止めにします。

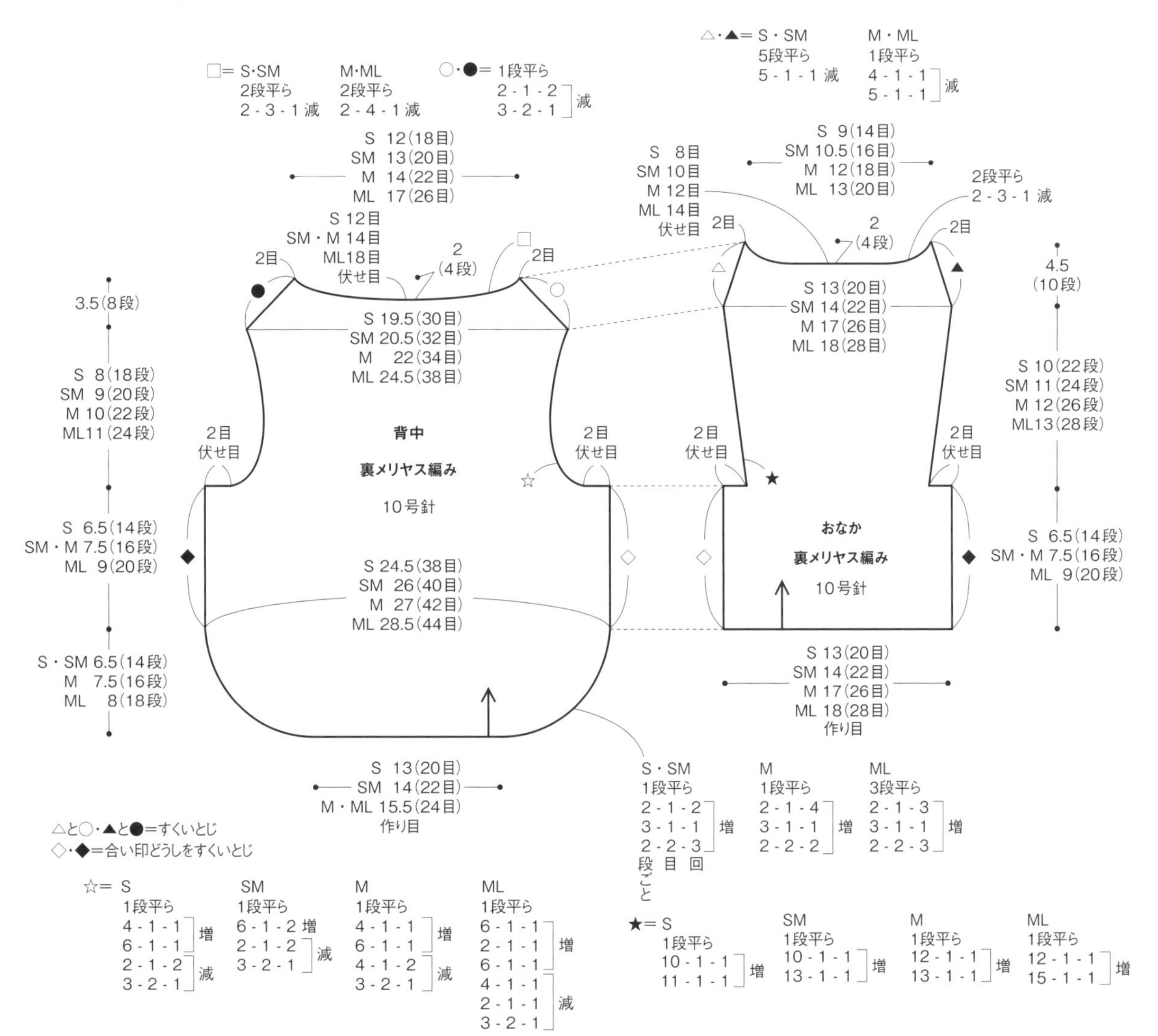

SMサイズ

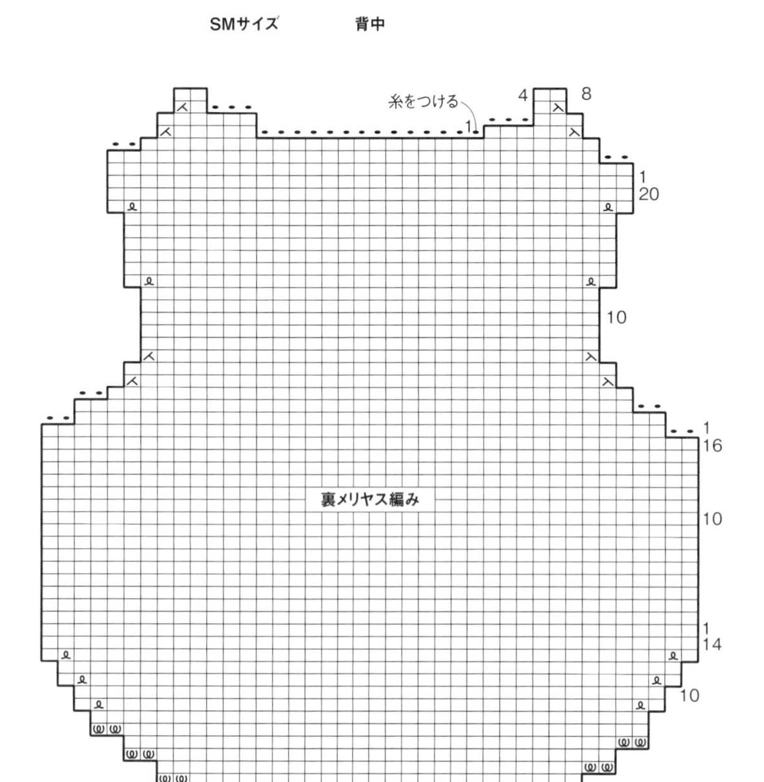
背中
糸をつける
4
8
1
20
10
1
16
10
1
14
10
裏メリヤス編み
→
←1段
22
20
10
1
目

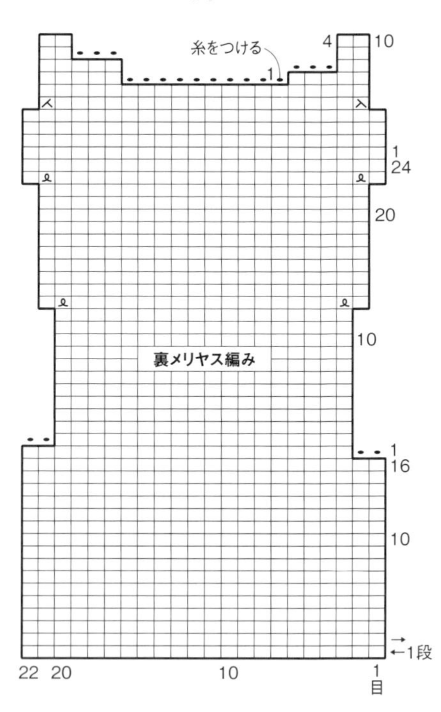
おなか
糸をつける
4
10
1
24
20
10
裏メリヤス編み
1
16
10
→
←1段
22
20
10
1
目

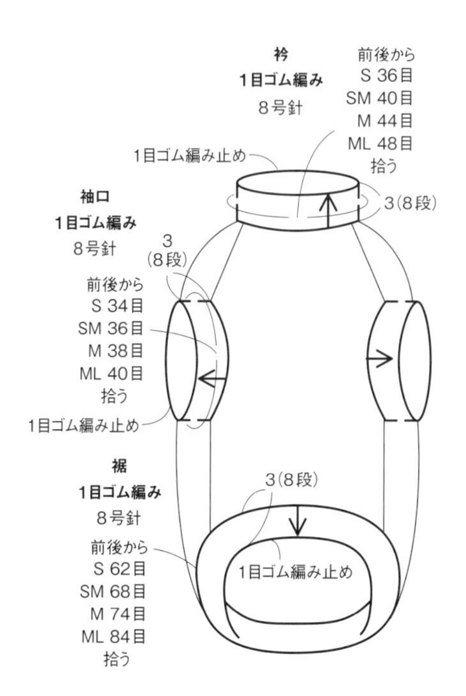
衿
1目ゴム編み
8号針
前後から
S 36目
SM 40目
M 44目
ML 48目
拾う
1目ゴム編み止め
3(8段)
袖口
1目ゴム編み
8号針
3
(8段)
前後から
S 34目
SM 36目
M 38目
ML 40目
拾う
1目ゴム編み止め
裾
1目ゴム編み
8号針
3(8段)
前後から
S 62目
SM 68目
M 74目
ML 84目
拾う
1目ゴム編み止め

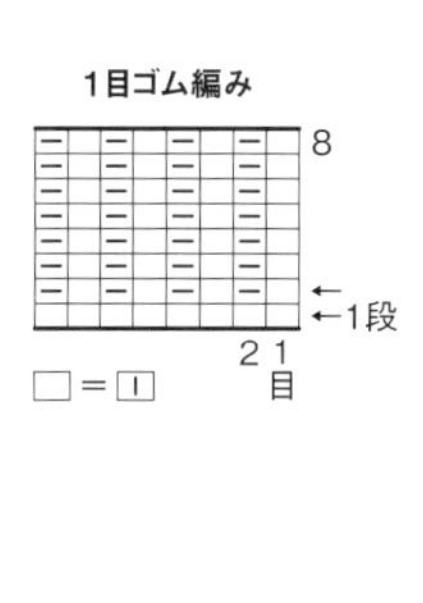
1目ゴム編み
8
←
←1段
2 1
目

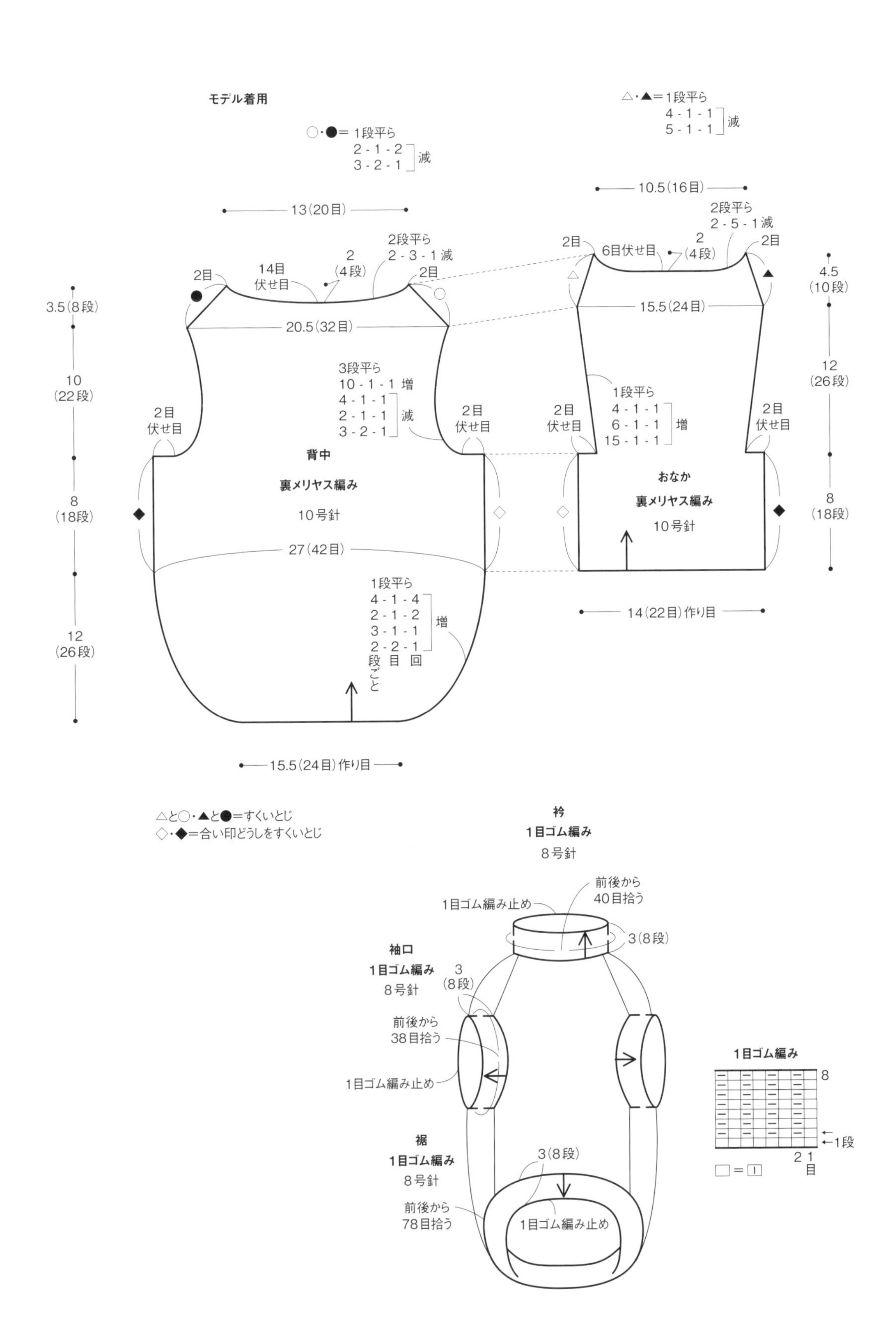
モデル着用
○・●＝1段平ら
2-1-2
3-2-1
減
13(20目)
2目
14目
伏せ目
2
(4段)
2段平ら
2-3-1減
2目
3.5(8段)
20.5(32目)
10
(22段)
3段平ら
10-1-1 増
4-1-1
2-1-1
3-2-1
減
2目
伏せ目
2目
伏せ目
背中
裏メリヤス編み
10号針
8
(18段)
27(42目)
1段平ら
4-1-4
2-1-2
3-1-1
2-2-1
段 目 回
ごと
増
12
(26段)
15.5(24目)作り目
△・▲＝1段平ら
4-1-1
5-1-1
減
10.5(16目)
2段平ら
2-5-1減
2目
6目伏せ目
2
(4段)
2目
4.5
(10段)
15.5(24目)
12
(26段)
1段平ら
4-1-1
6-1-1
15-1-1
増
2目
伏せ目
2目
伏せ目
おなか
裏メリヤス編み
10号針
8
(18段)
14(22目)作り目
△と○・▲と●＝すくいとじ
◇・◆＝合い印どうしをすくいとじ
衿
1目ゴム編み
8号針
前後から
40目拾う
1目ゴム編み止め
3(8段)
袖口
1目ゴム編み
8号針
3
(8段)
前後から
38目拾う
1目ゴム編み止め
裾
1目ゴム編み
8号針
3(8段)
前後から
78目拾う
1目ゴム編み止め
1目ゴム編み
8
1段
2 1
目
□＝□

D レーシーフリルセーター

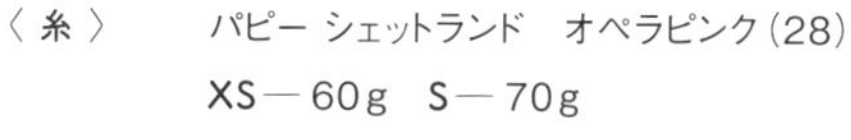

〈糸〉 パピー シェットランド オペラピンク（28）
XS — 60g S — 70g

〈用具〉 5号2本棒針、3号4本棒針、5/0号かぎ針

〈ゲージ〉 模様編みA 24目30段が10cm四方
模様編みB 6目一模様が3cm、10段が3cm
模様編みC 24目が10cm、12段が4cm
1目ゴム編み 23.5目28段が10cm四方

サイズ（単位はcm）

	首回り	胴回り	背丈
XS	19	30	20
S	22	34	23

モデルはXSを着用

〈編み方〉

糸は1本どりで編みます。

背中は指に糸をかける作り目で編み始めます。模様編みAで編みます。袖ぐり、肩、後ろ衿ぐりは増減目しながら編みます。編終りの目に糸端を通して始末します。

おなかは背中と同様に編み始め、1目ゴム編みで編みます。袖ぐり、肩は増減目しながら編みます。編終りは伏止めにします。

脇と肩をすくいとじで合わせます。裾、衿、袖口は、背中とおなかから拾い目をして模様編みBを輪に編みます。おなか側の編終りは1目ゴム編み止めにし、背中側は続けてフリルaの模様編みCを編み、編終りはかぎ針で縁編みを編みます。フリルbは背中と同様に編み始め、1目ゴム編みと模様編みCを編みます。フリルaの下に重ねて、とじつけます。

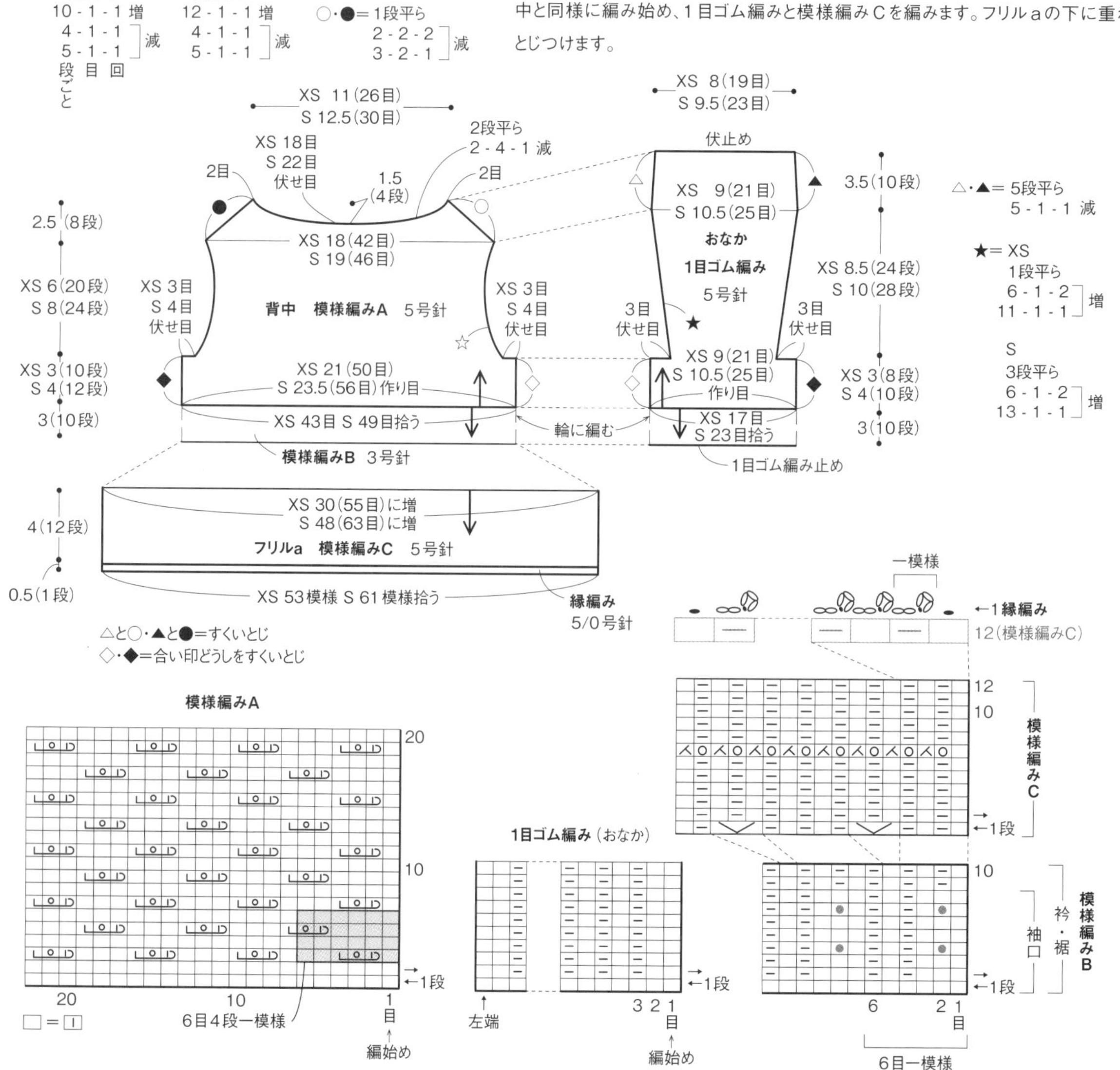

XSサイズ　おなかの記号図はp.45

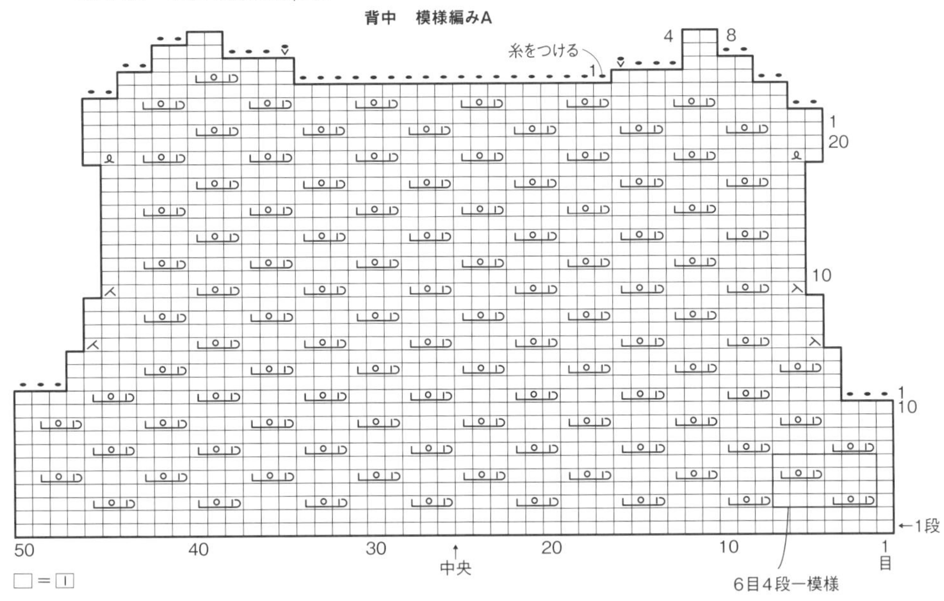

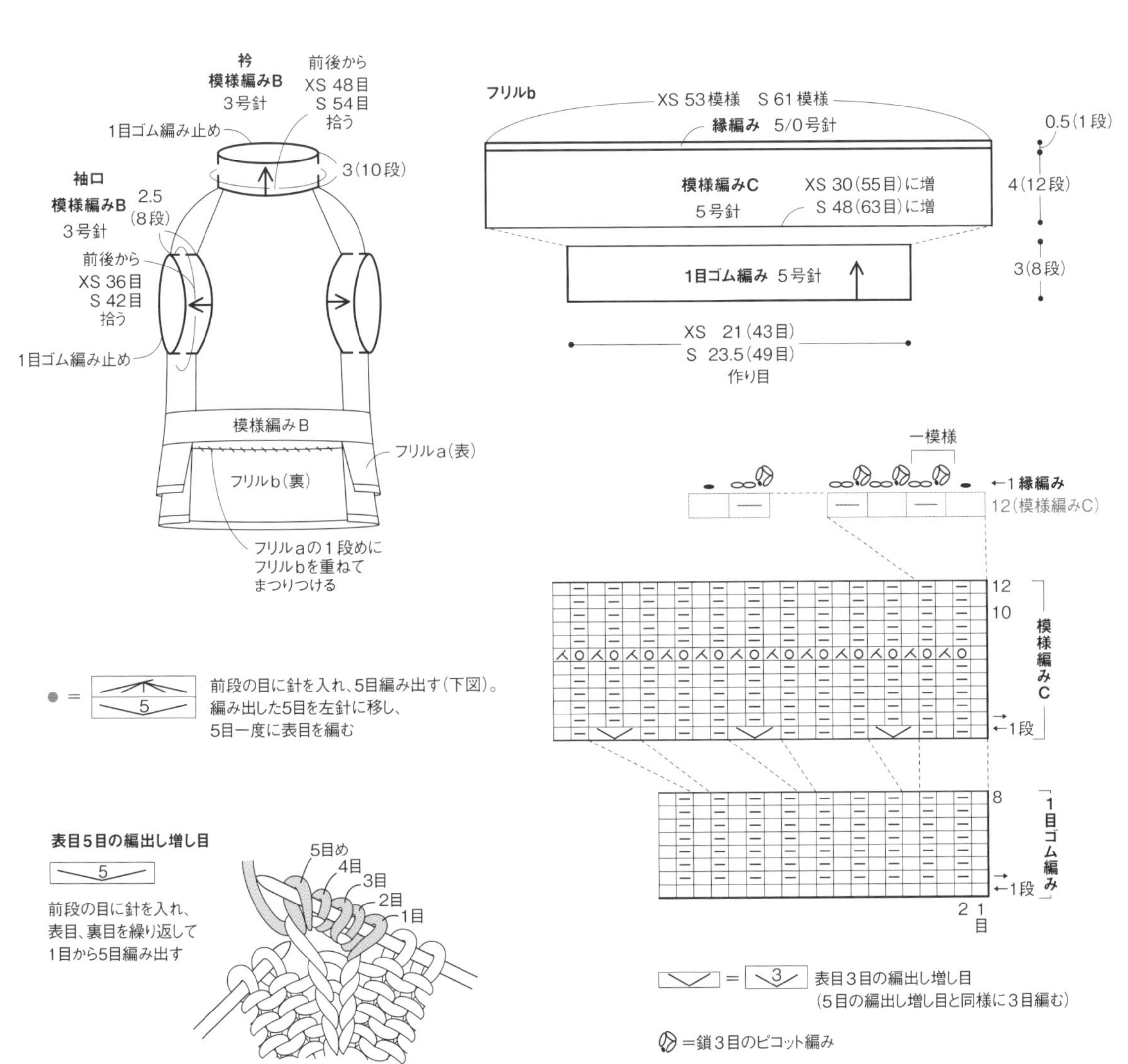

E レースパターンセーター

p.9

〈 糸 〉　パピー シェットランド　ライムグリーン（48）
XS－50g　S－60g

〈 用具 〉　5号2本棒針、3号4本棒針

〈 ゲージ 〉　模様編みA　24目30段が10㎝四方
模様編みB　6目一模様が3㎝、10段が3㎝
1目ゴム編み　23.5目28段が10㎝四方

〈 編み方 〉

糸は1本どりで編みます。

背中は指に糸をかける作り目で編み始めます。両端で増しながら模様編みAで編みます。袖ぐり、肩、後ろ衿ぐりは増減目しながら編みます。編終りの目に糸端を通して始末します。

おなかは背中と同様に編み始め、1目ゴム編みで編みます。袖ぐり、肩は増減目しながら編みます。編終りは伏止めにします。

脇と肩をすくいとじで合わせます。裾、衿、袖口は、背中とおなかから拾い目をして模様編みBを輪に編みます。編終りは1目ゴム編み止めにします。

サイズ（単位は㎝）

	首回り	胴回り	背丈
XS	19	30	21
S	22	34	25.5

モデルはXSを着用

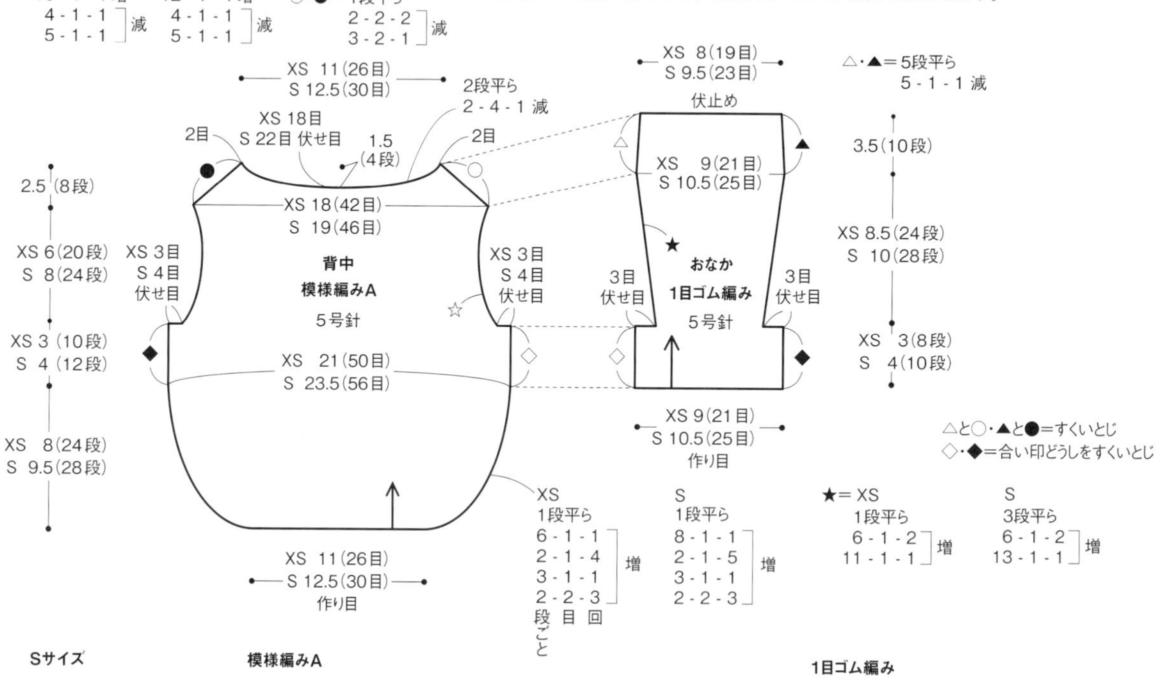

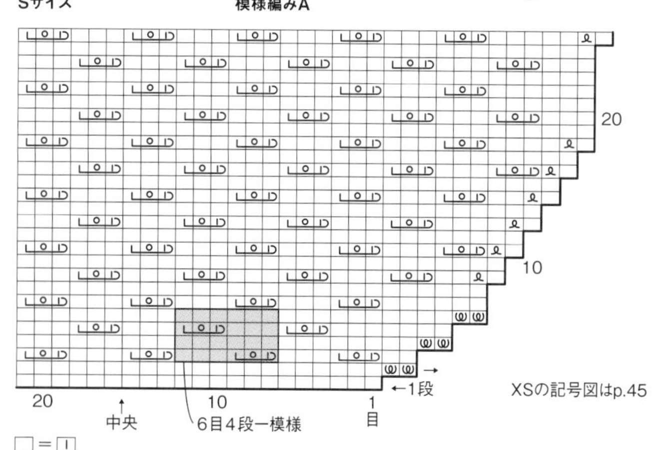

XSの記号図はp.45

□＝｜

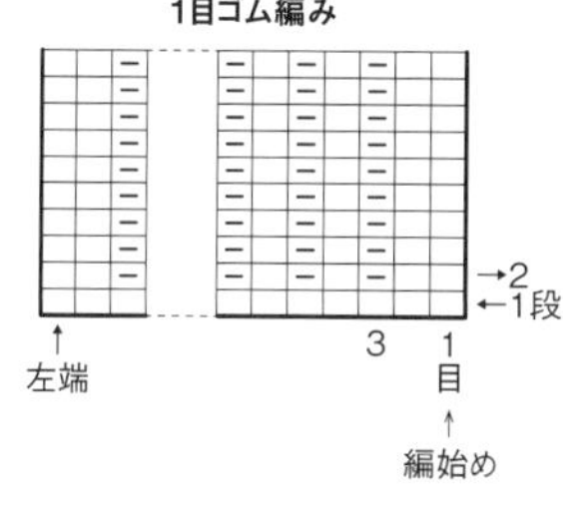

XSサイズ

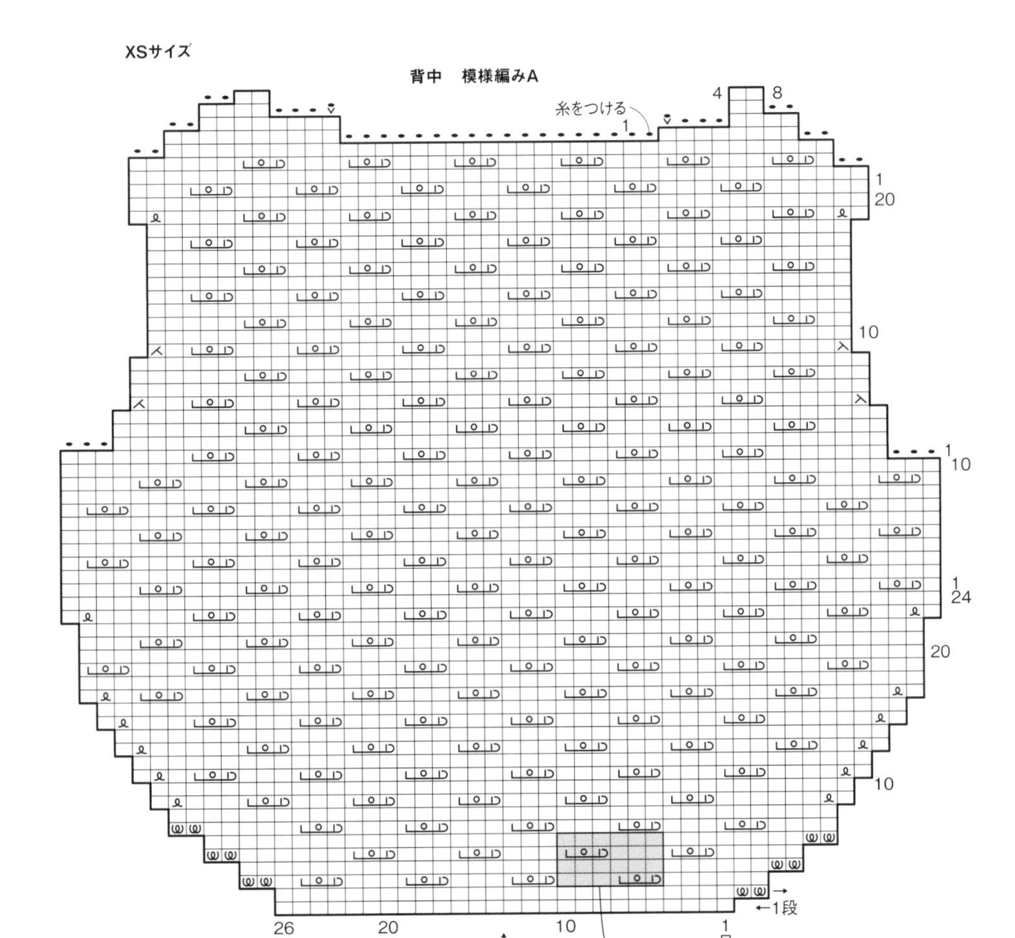

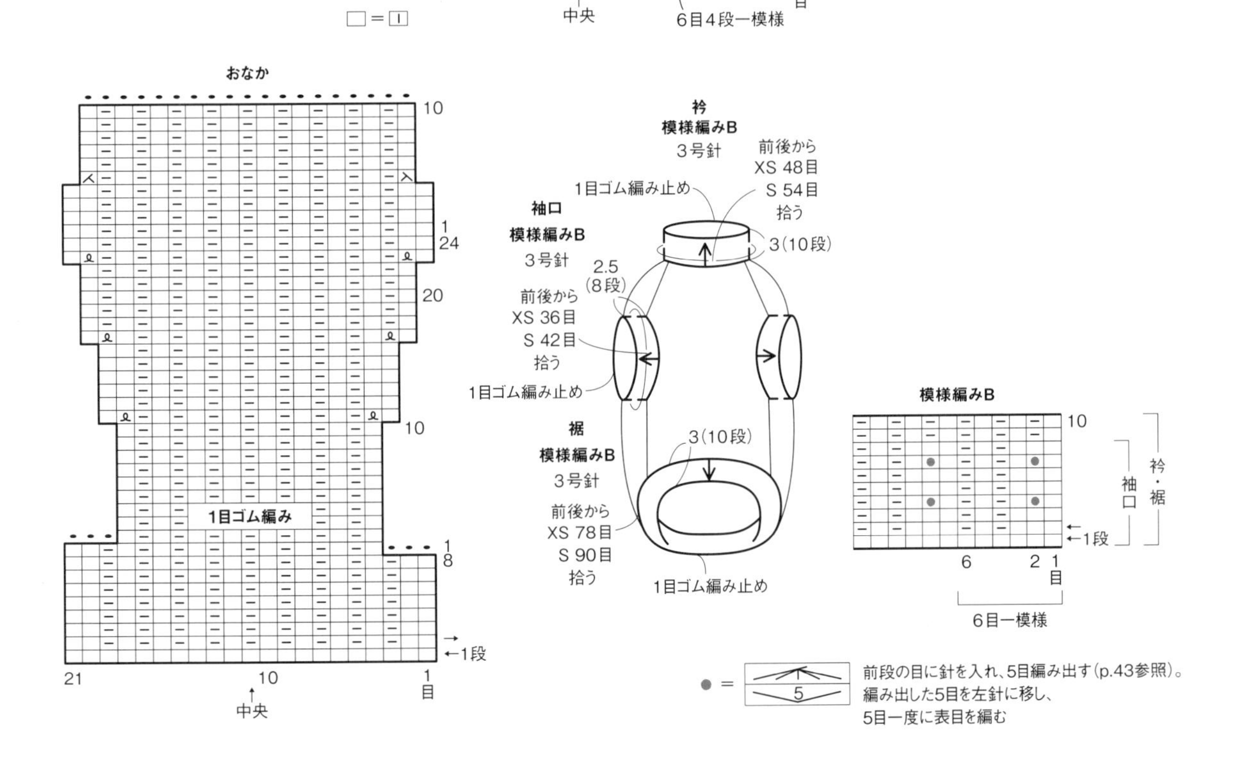

● ＝ 前段の目に針を入れ、5目編み出す（p.43参照）。編み出した5目を左針に移し、5目一度に表目を編む

F チェックパターンセーター

サイズ（単位はcm）

	首回り	胴回り	背丈
DSS	23	32.5	33
DS	26	35.5	37
DM	28.5	38.5	39
モデル着用	28	37.5	30.5

モデル着用＝DSの首回りと胴回りを太く、背丈を短くアレンジ
（製図は p.49）

〈 糸 〉　パピー シェットランド
使用色番号は配色表参照
DSS—a色 34g、b色 14g、c色 10g、d色 8g、e色 7g
DS—a色 38g、b色 15g、c色 11g、d色 8g、e色 8g
DM—a色 46g、b色 19g、c色 14g、d色 10g、e色 9g
モデル着用—a色 41g、b色 15g、c色 12g、d色 9g、e色 9g

〈 用具 〉　5号2本棒針（玉なし）、4号4本棒針

〈 ゲージ 〉　メリヤス編み（縞）・メリヤス編み　21目30段が10cm四方

〈 編み方 〉

糸は1本どりで、指定の配色で編みます。

背中は指に糸をかける作り目をして編み始めます。両端は1目ゴム編み、中央はメリヤス編み（縞）で編みます。編み方向に注意しながら、できるだけ糸を切らずに編みます。袖ぐり、肩は増減目しながら編みます。編終りの目に糸端を通して始末します。

指定の位置にメリヤス刺繍をします。おなかは背中と同要領で編みます。

脇と肩をすくいとじで合わせます。

衿、袖口は、背中とおなかから拾い目をして1目ゴム編み（縞）を輪に編みますが、背中の中央は、図のようにリード用穴を作ります。編終りは1目ゴム編み止めにします。

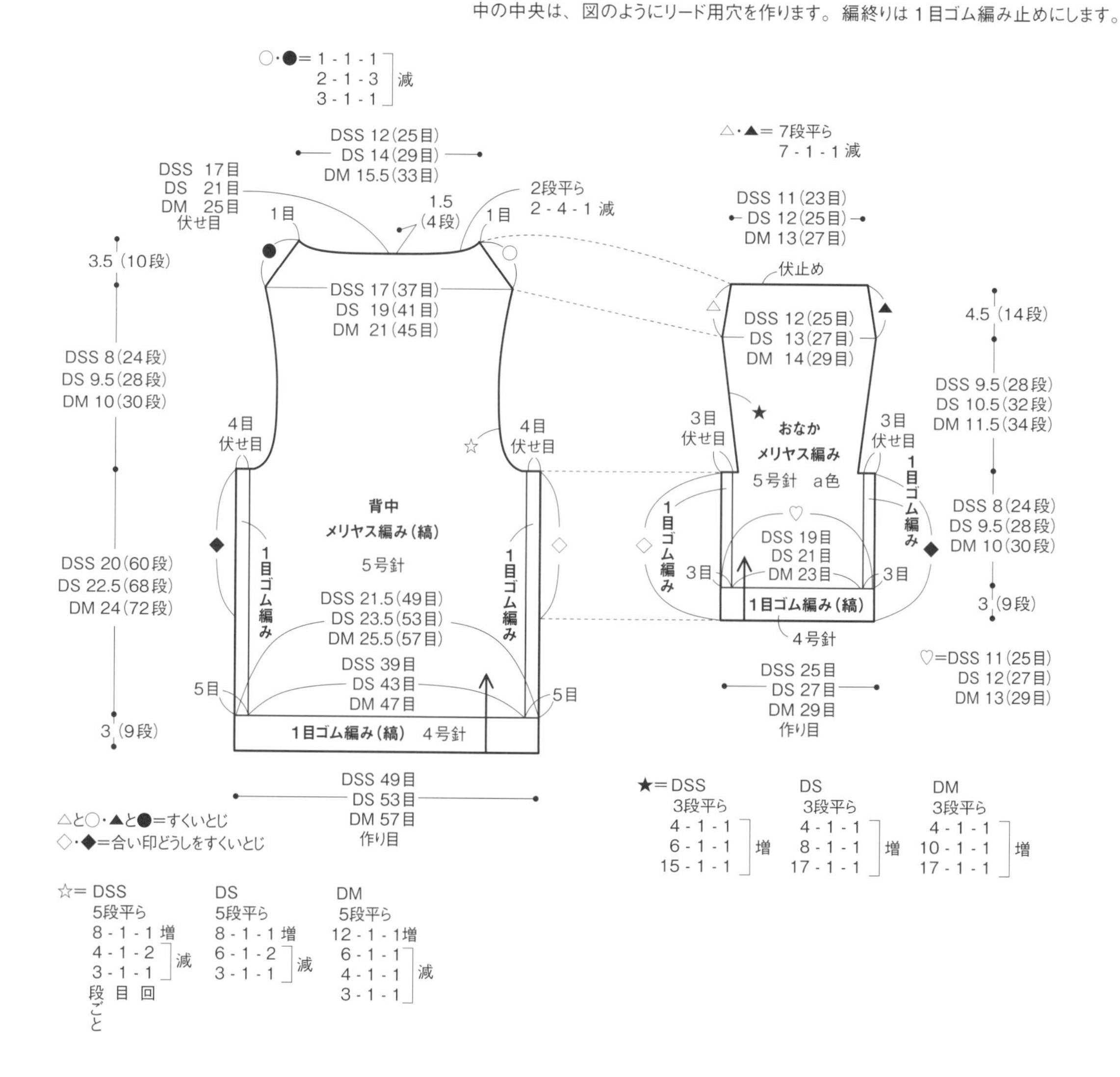

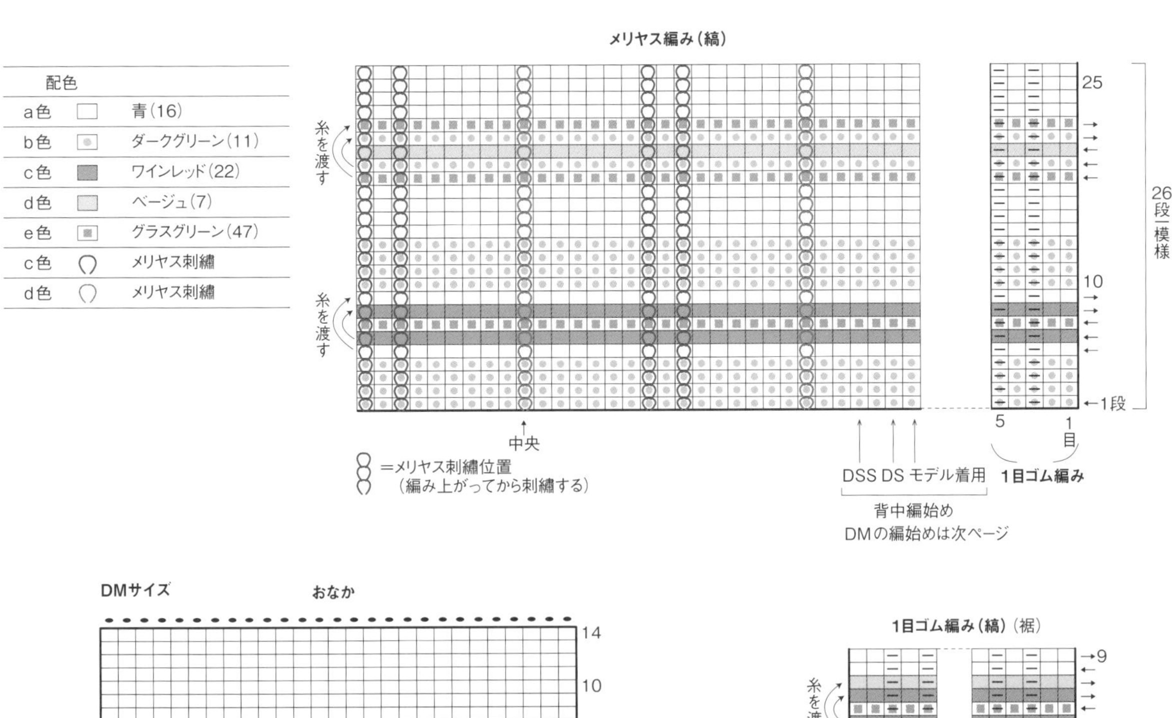

メリヤス編み（縞）
配色
a色 青（16）
b色 ダークグリーン（11）
c色 ワインレッド（22）
d色 ベージュ（7）
e色 グラスグリーン（47）
c色 メリヤス刺繍
d色 メリヤス刺繍
糸を渡す
糸を渡す
中央
=メリヤス刺繍位置
（編み上がってから刺繍する）
DSS DS モデル着用
背中編始め
DMの編始めは次ページ
1目ゴム編み
25
10
←1段
5
1
目
26段一模様

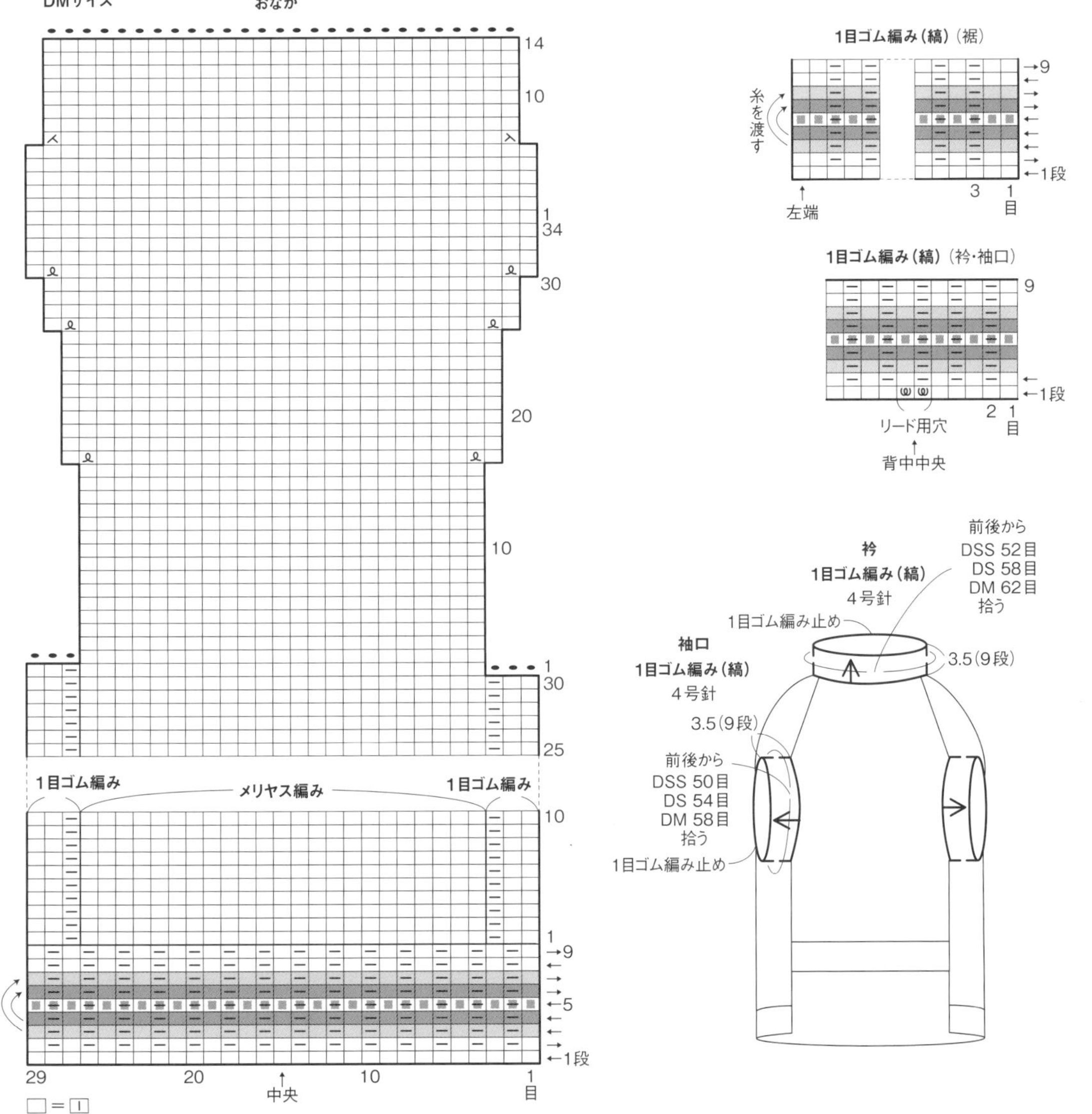

DMサイズ
おなか
14
10
1
34
30
20
10
1
30
25
1目ゴム編み
メリヤス編み
1目ゴム編み
10
1
9
5
←1段
糸を渡す
29
20
中央
10
1
目
1目ゴム編み（縞）（裾）
→9
←1段
糸を渡す
左端
3
1
目
1目ゴム編み（縞）（衿・袖口）
9
←1段
リード用穴
背中中央
2
1
目
衿
1目ゴム編み（縞）
4号針
前後から
DSS 52目
DS 58目
DM 62目
拾う
1目ゴム編み止め
3.5（9段）
袖口
1目ゴム編み（縞）
4号針
3.5（9段）
前後から
DSS 50目
DS 54目
DM 58目
拾う
1目ゴム編み止め

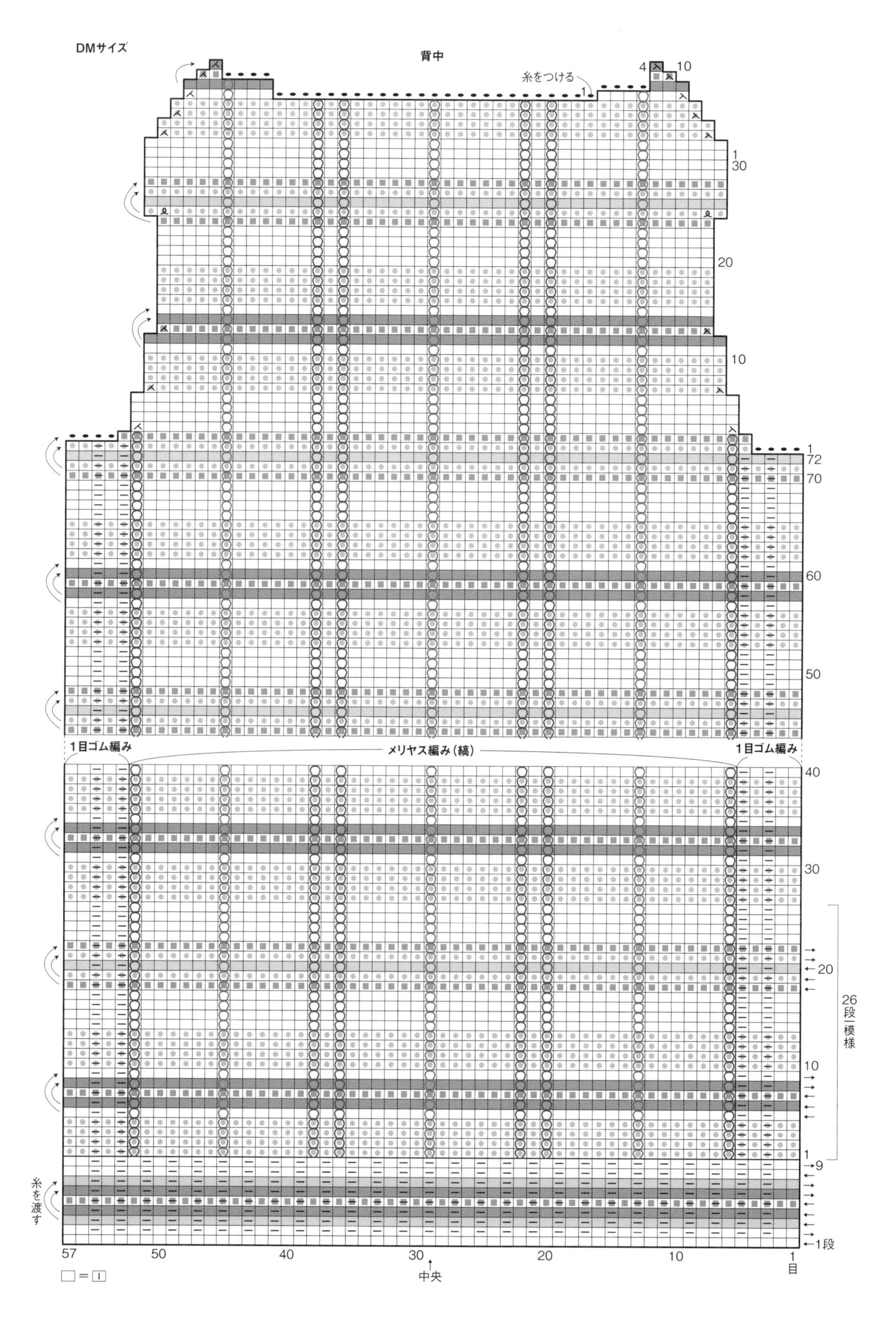

DMサイズ
背中
糸をつける
4
10
1
1
30
20
10
1
72
70
60
50
1目ゴム編み
メリヤス編み（縞）
1目ゴム編み
40
30
20
26段一模様
10
1
9
糸を渡す
1段
57
50
40
30
20
10
1目
中央

モデル着用　1目ゴム編み(縞)、メリヤス編み(縞)の記号図はp.47参照

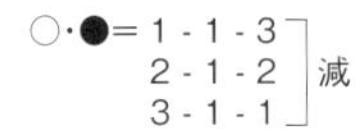

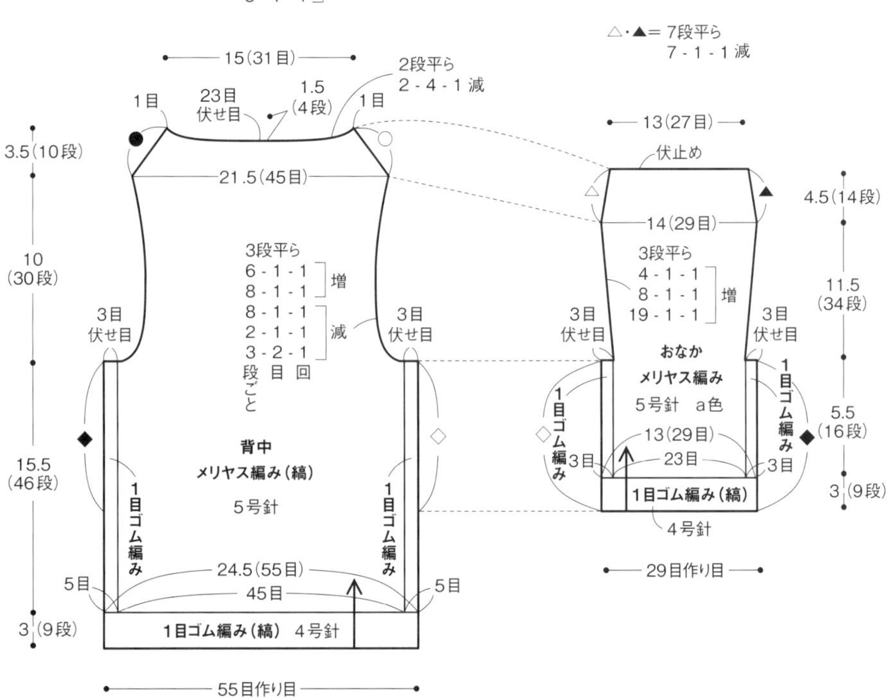

△と○・▲と●＝すくいとじ
◇・◆＝合い印どうしをすくいとじ

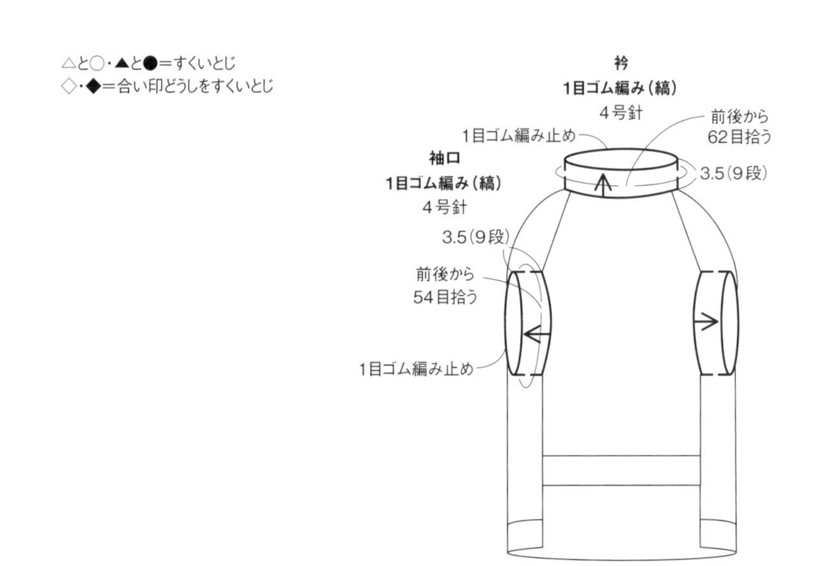

G・H ノルディックセーター

p.11-13

サイズ（単位はcm）

	首回り	胴回り	背丈
XS	20.5	30.5	22.5
S	21.5	34	26.5
M	26.5	42.5	28.5
ML	29	46	34
p.12 モデル着用	32	47.5	36

p.11 モデルは XSを着用
p.12 モデル着用＝ MLをひと回り大きくアレンジ
（編み方は p.53）

〈 糸 〉 DARUMA シェットランドウール
使用色番号は配色表参照
XS— a色 25g、b色 12g、c色 5g
S— a色 30g、b色 15g、c色 6g
M— a色 40g、b色 20g、c色 8g
ML— a色 49g、b色 24g、c色 10g
p.12 モデル着用— a色 52g、b色 25g、c色 10g

〈 用具 〉 5号 2本棒針、3号 4本棒針

〈 ゲージ 〉 編込み模様 A・B　24目 24段が 10cm四方

〈 編み方 〉

糸は 1本どりで、指定の配色で編みます。

背中は指に糸をかける作り目で編み始めます。両端で増しながら編みます。編込み模様は、横に糸を渡しながら編みます。袖ぐり、肩、後ろ衿ぐりは増減目しながら編みます。編終りの目に糸端を通して始末します。

おなかは別鎖の作り目で編み始め、背中と同要領で編みます。

脇と肩をすくいとじで合わせます。

裾、衿、袖口は、背中とおなかから拾い目をして 1目ゴム編み（縞）を輪に編みます（おなかは別鎖をほどいて目を棒針に移す）。衿は背中の中央にリード用穴を作ります。

編終りは 1目ゴム編み止めにします。

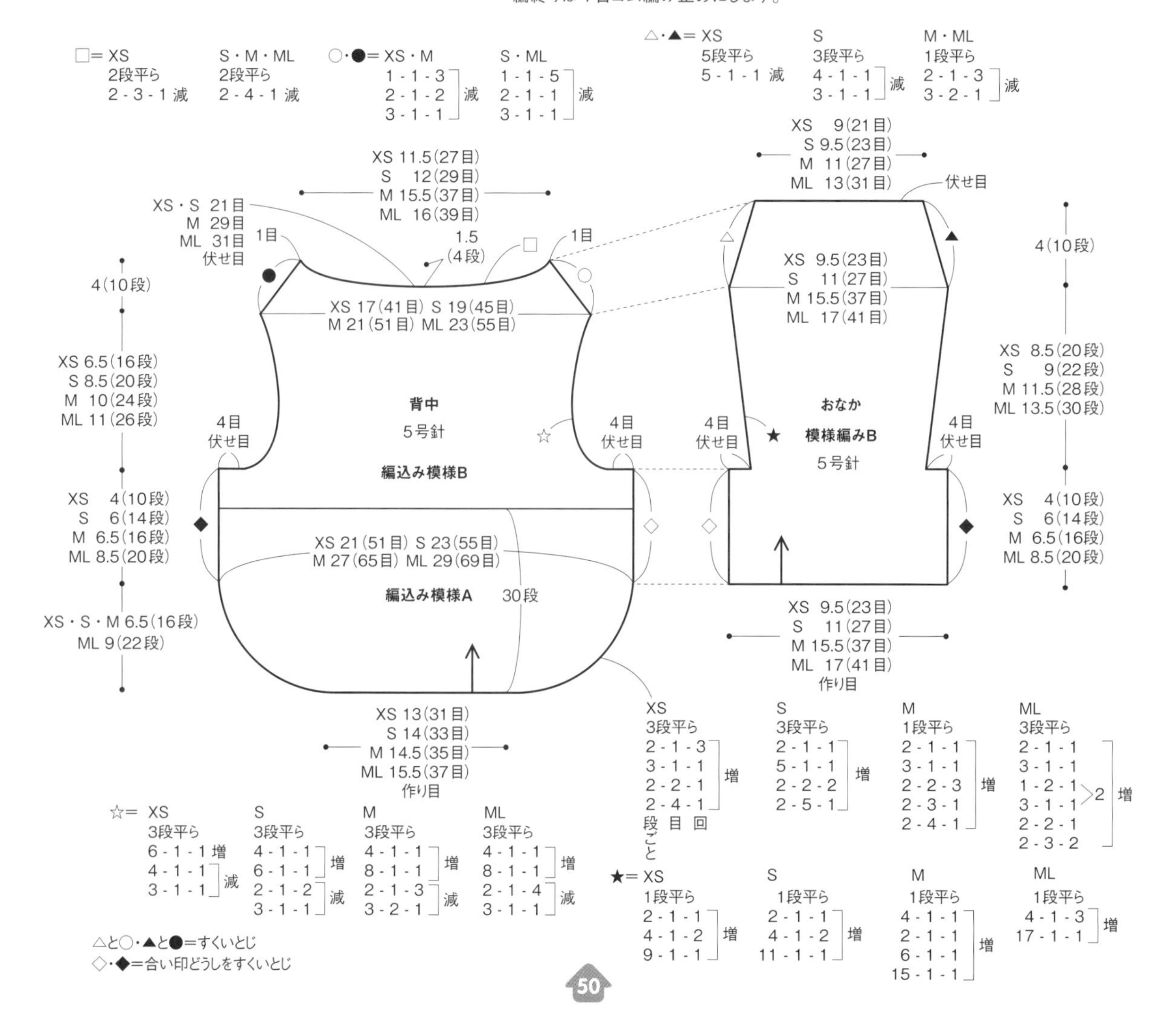

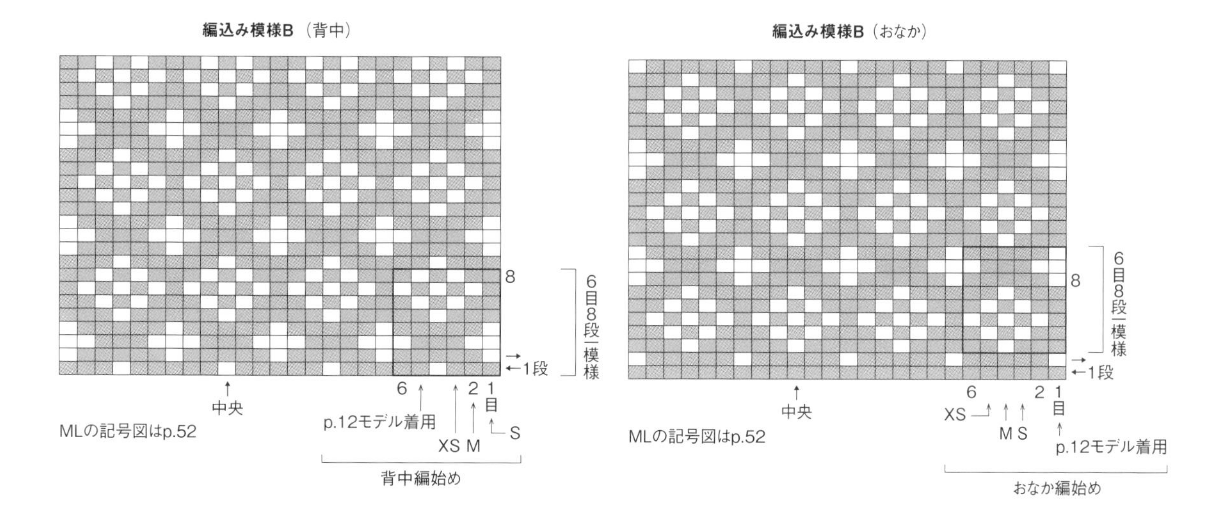

編込み模様A

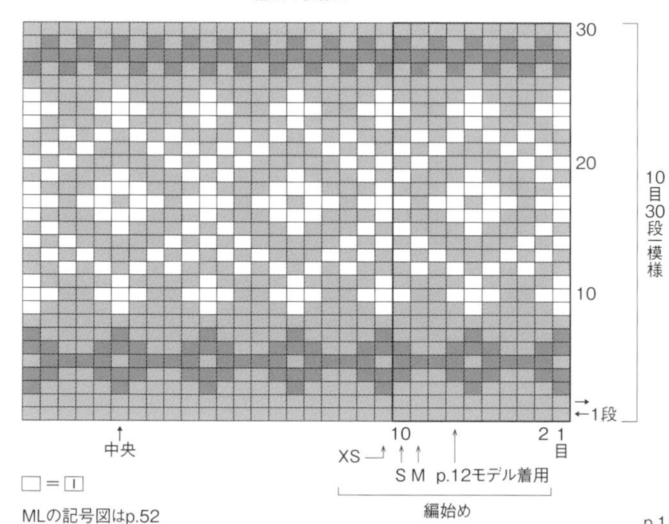

配色		p.11	p.12
a色	■	赤(10)	紺(5)
b色	□	生成り(1)	生成り(1)
c色	■	青(11)	赤(10)

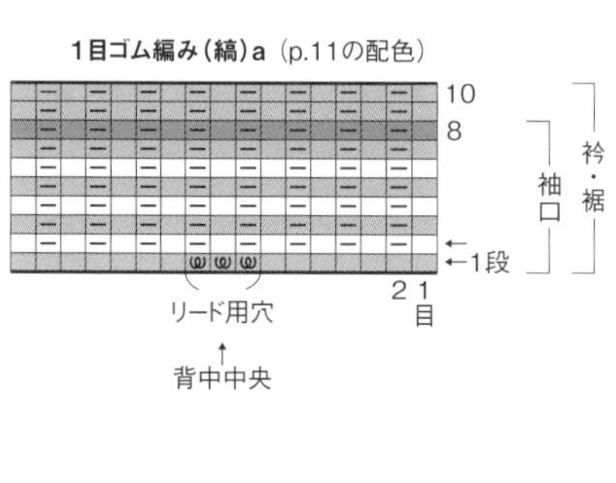

1目ゴム編み（縞）b（p.12の配色）

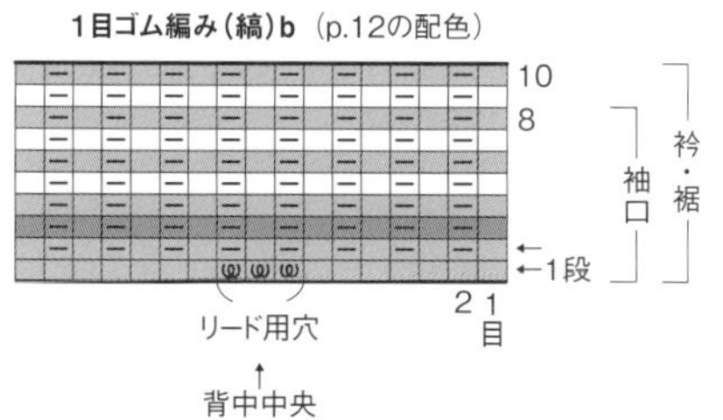

p.11は1目ゴム編み(縞)a
p.12は1目ゴム編み(縞)bで編む

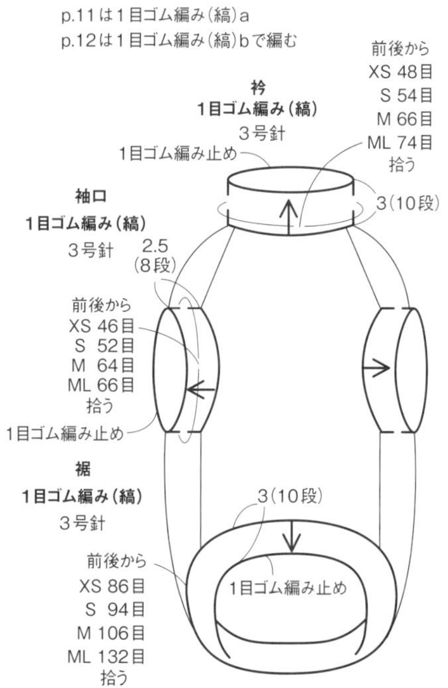

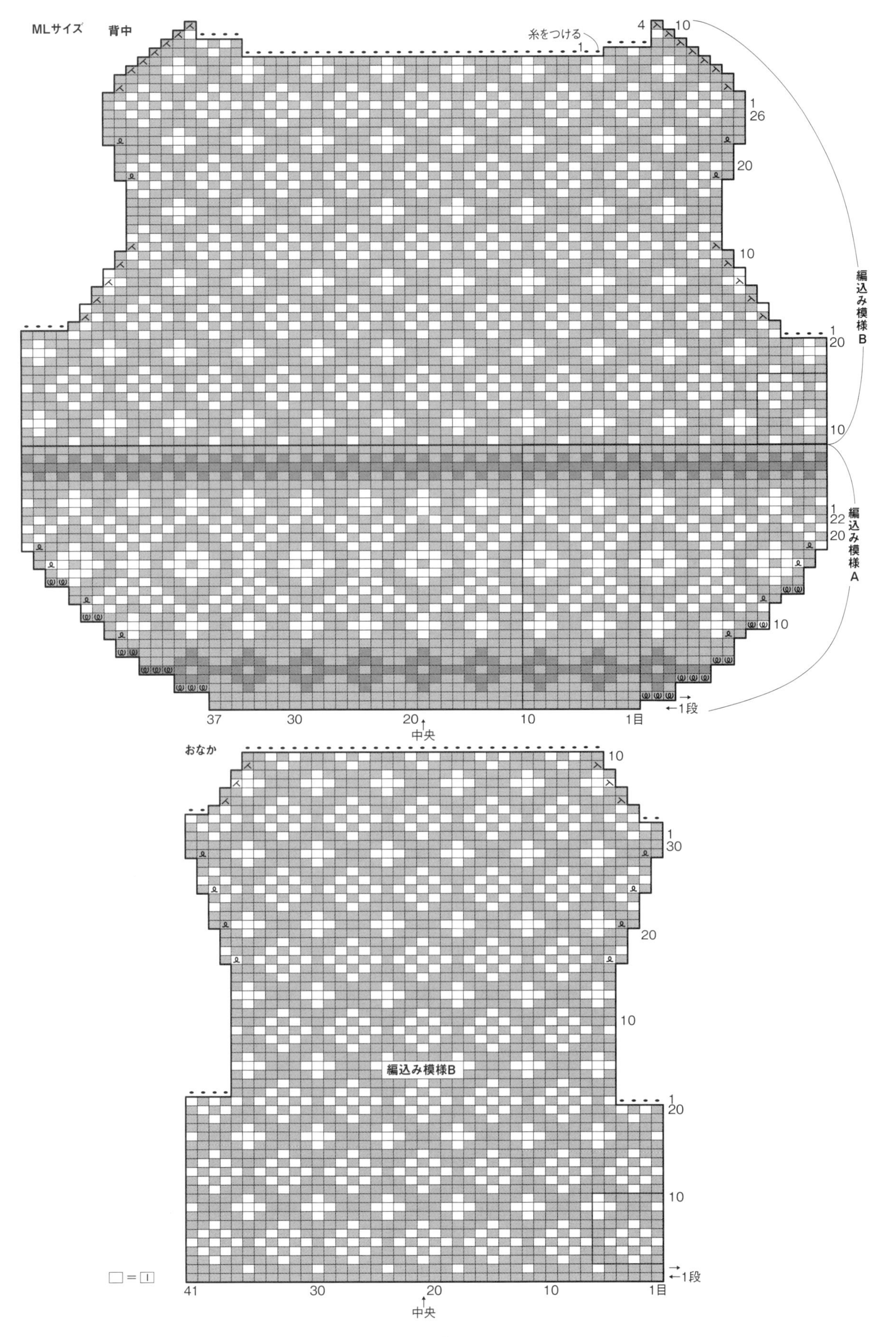
MLサイズ
背中
糸をつける
編込み模様B
編込み模様A
1段
1目
中央
おなか
編込み模様B
1段
1目
中央

p.12モデル着用　編込み模様A、B、1目ゴム編み（縞）の記号図はp.51参照

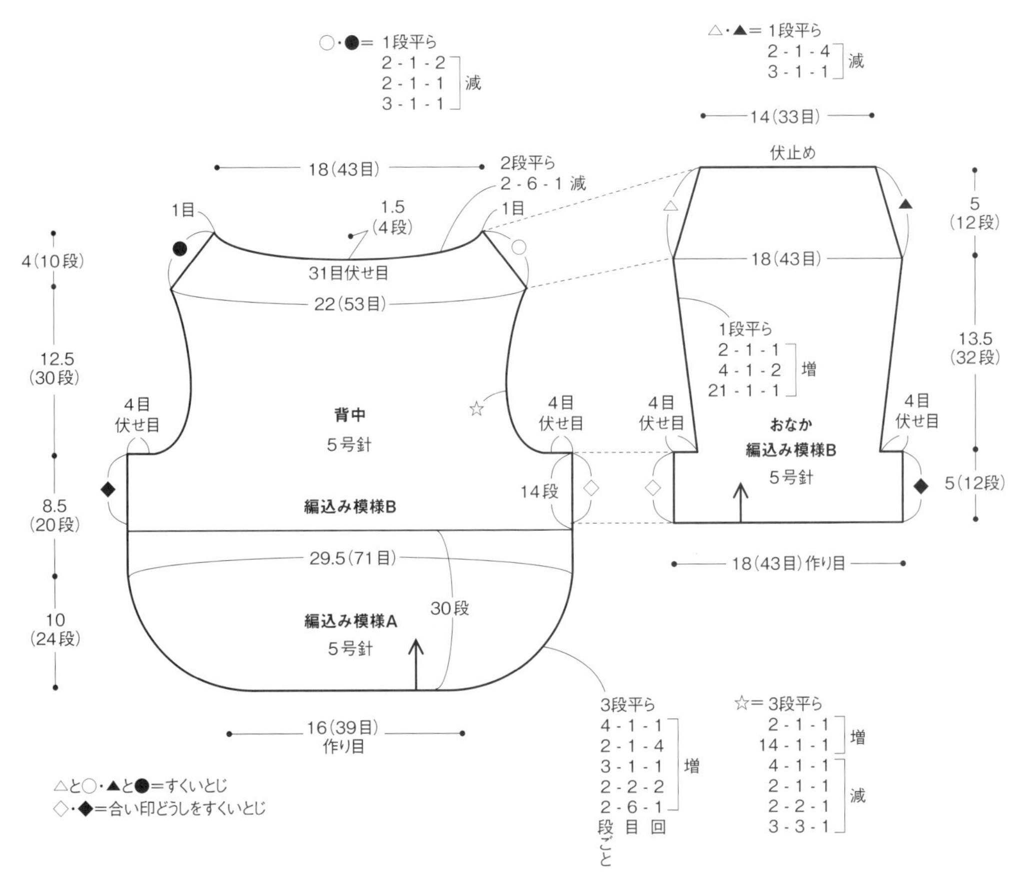

p.11は1目ゴム編み（縞）a
p.12は1目ゴム編み（縞）bで編む

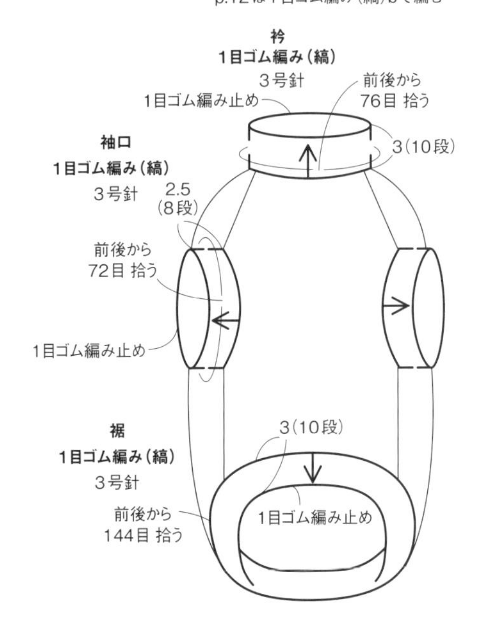

I ペットボトルケース 

〈 糸 〉 DARUMA ダルシャンウール 並太 黄色（106）70g
〈 用具 〉 5/0号かぎ針
〈 その他 〉 ナスカン 35×10㎜を２個、丸カン 直径 12㎜を２個
〈 ゲージ 〉 模様編み 22目 22段が 10㎝四方
〈 サイズ 〉 幅 11㎝、深さ 16㎝
〈 編み方 〉
糸は１本どりで編みます。
輪の作り目をして、底から編み始めます。細編みで増しながら編みます。続けて側面を模様編みと細編みで増減なく編みます。続けてタブを６段編み、編終りの糸端を20㎝くらい残して切ります。もう一方のタブは、糸をつけて編みます。ひもは鎖編みの作り目をして編み始めます。１段めの細編みは鎖の裏山を拾って編みます。細編みと模様編みで編みます。タブに丸カンを通し、二つ折りにして残しておいた糸で側面の裏側にかがります。ひもの両端にナスカンに通し、二つ折りにしてかがります。
※ひもの長さは、自分のサイズに合わせて調節してください。

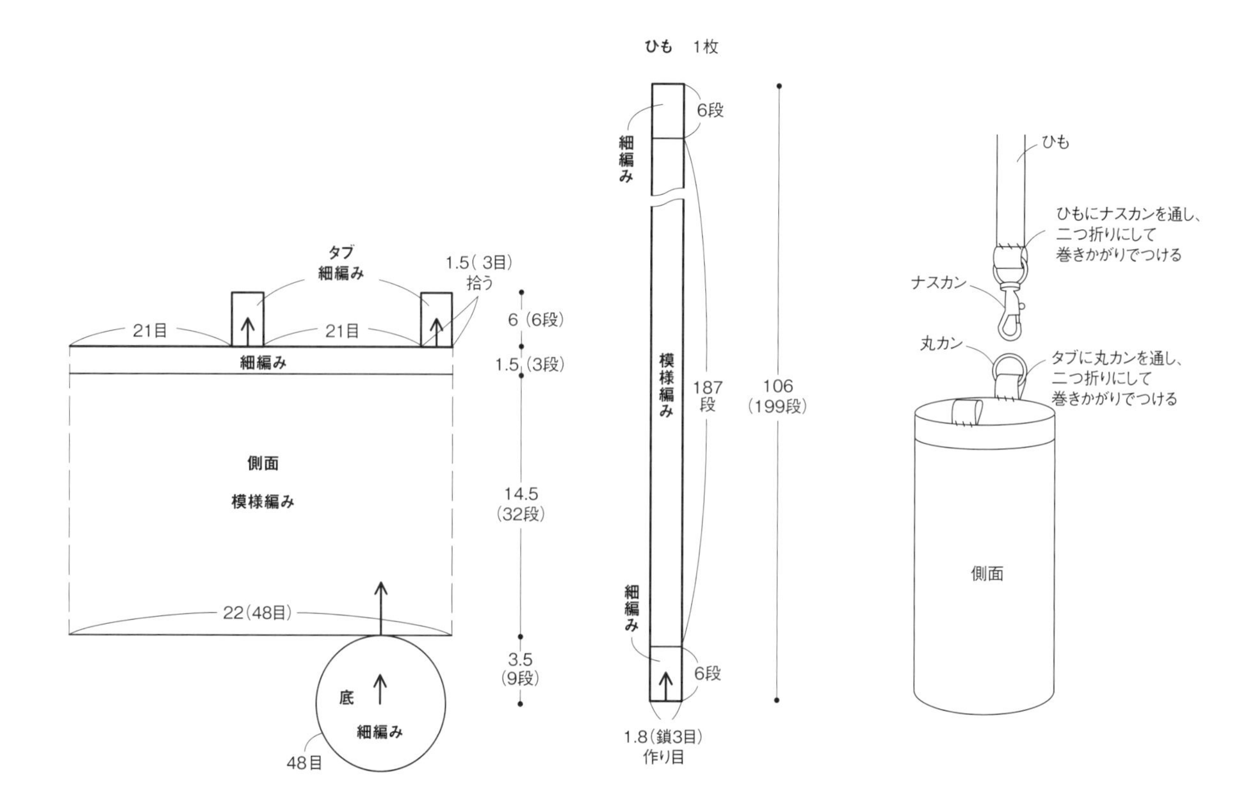

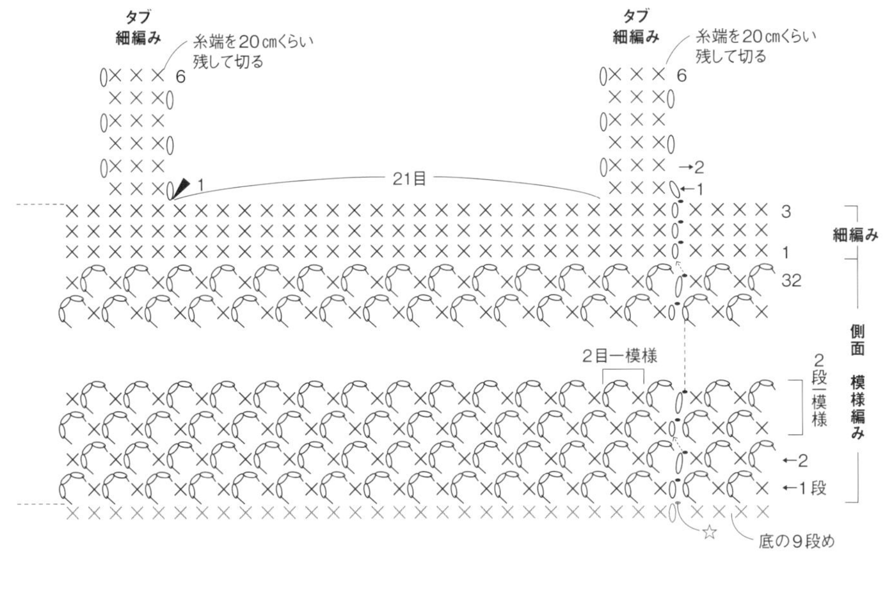

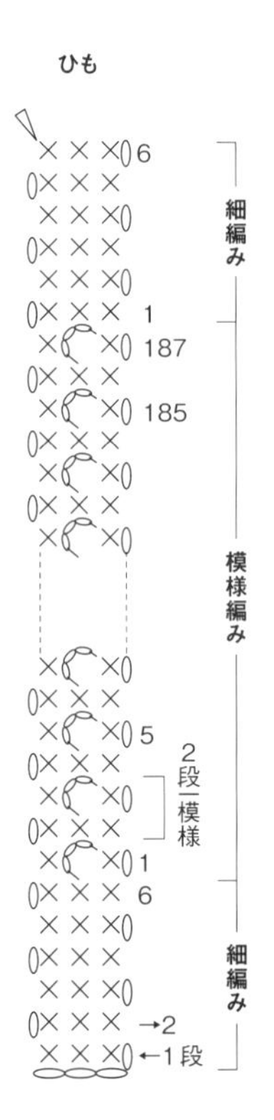

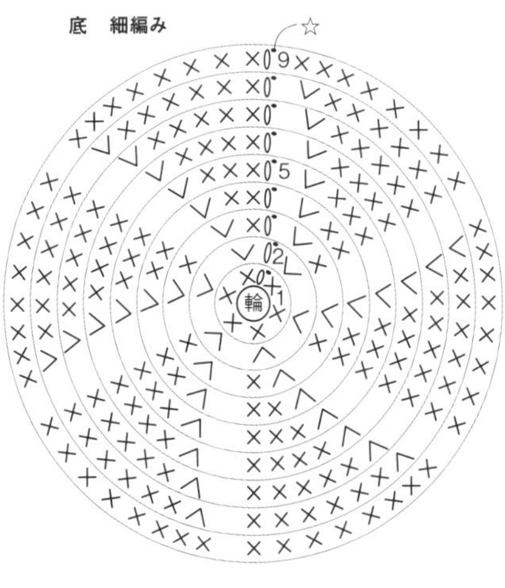

底の増し方

段数	目数	増し目
9	48	±0
8	48	+6目
7	42	+6目
6	36	+6目
5	30	+6目
4	24	+6目
3	18	+6目
2	12	+6目
1	6	

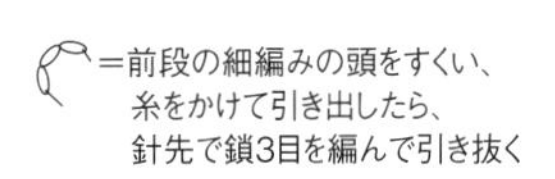
＝前段の細編みの頭をすくい、糸をかけて引き出したら、針先で鎖3目を編んで引き抜く

◄ ＝糸をつける

◁ ＝糸を切る

の編み方　作品は輪編みですが、写真は往復編みです

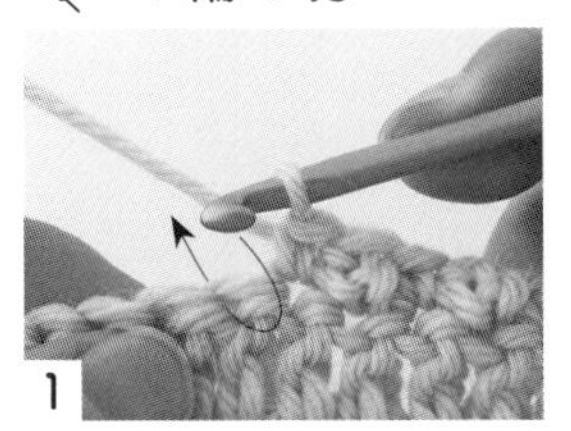
1 前段の目に矢印のように針を入れ、針に糸をかけて引き出します。

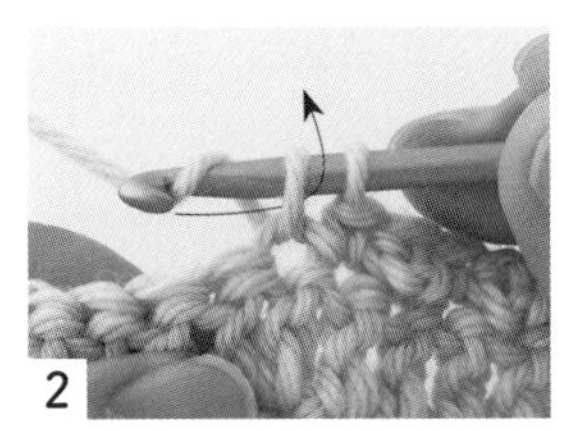
2 針に糸をかけて、針先で鎖編みを編みます。

3 鎖編みが1目編めました。2を繰り返して鎖を3目編みます。

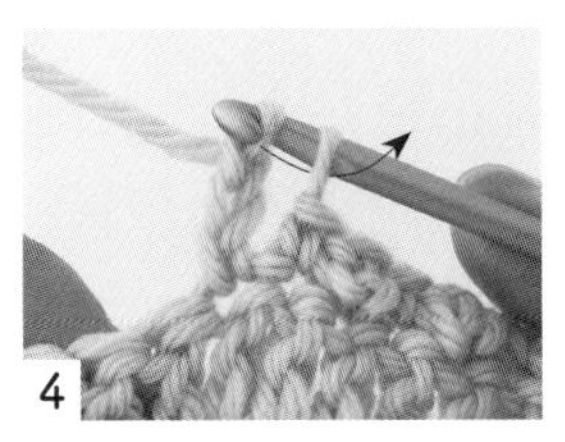
4 矢印のように引き抜きます。

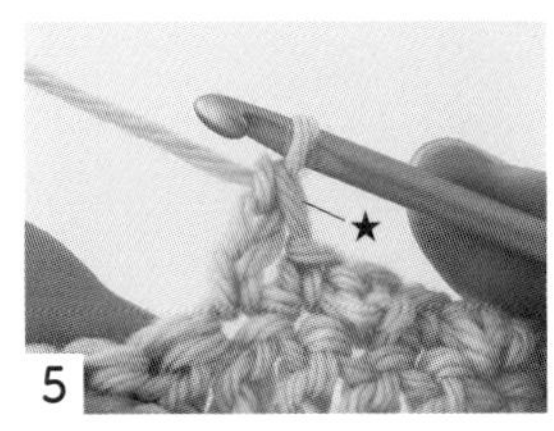

5 引き抜いたところ。次段は★の目の鎖2本を拾います。

J フェアアイルバッグ p.14

〈 糸 〉 パピー シェットランド
使用色番号は配色表参照
a色 62g、b色 16g、c色 8g、d色 6g、e色 4g、f色 4g、
g色 3g、h色 2g

〈 用具 〉 7号・6号・5号 2本棒針

〈 その他 〉 プレシオン芯地 120cm幅 50cm、
本革の持ち手 長さ36cmを1組み ステッチ用糸

〈 ゲージ 〉 編込み模様 23目25段が10cm四方
メリヤス編み 23目28.5段が10cm四方

〈 サイズ 〉 幅26.5cm、深さ22.5cm、まち9cm

〈 編み方 〉

糸は1本どりで、指定の配色で編みます。

側面は指に糸をかける作り目で編み始めます。編込み模様は、糸を横に渡す編込みにします。続けてガーター編みで編み、編終りは伏止めにします。同じものを2枚編みます。

まちは側面と同様に編み始め、ガーター編みとメリヤス編みで編みます。

各パーツの裏に芯地を置き、アイロンで中央を仮どめします。側面とまちをすくいとじで合わせます。芯地を図のようにまつります。芯地にアイロンを当てて、編み地の裏面にしっかり接着します。持ち手をステッチ用糸で、側面に縫いつけます。

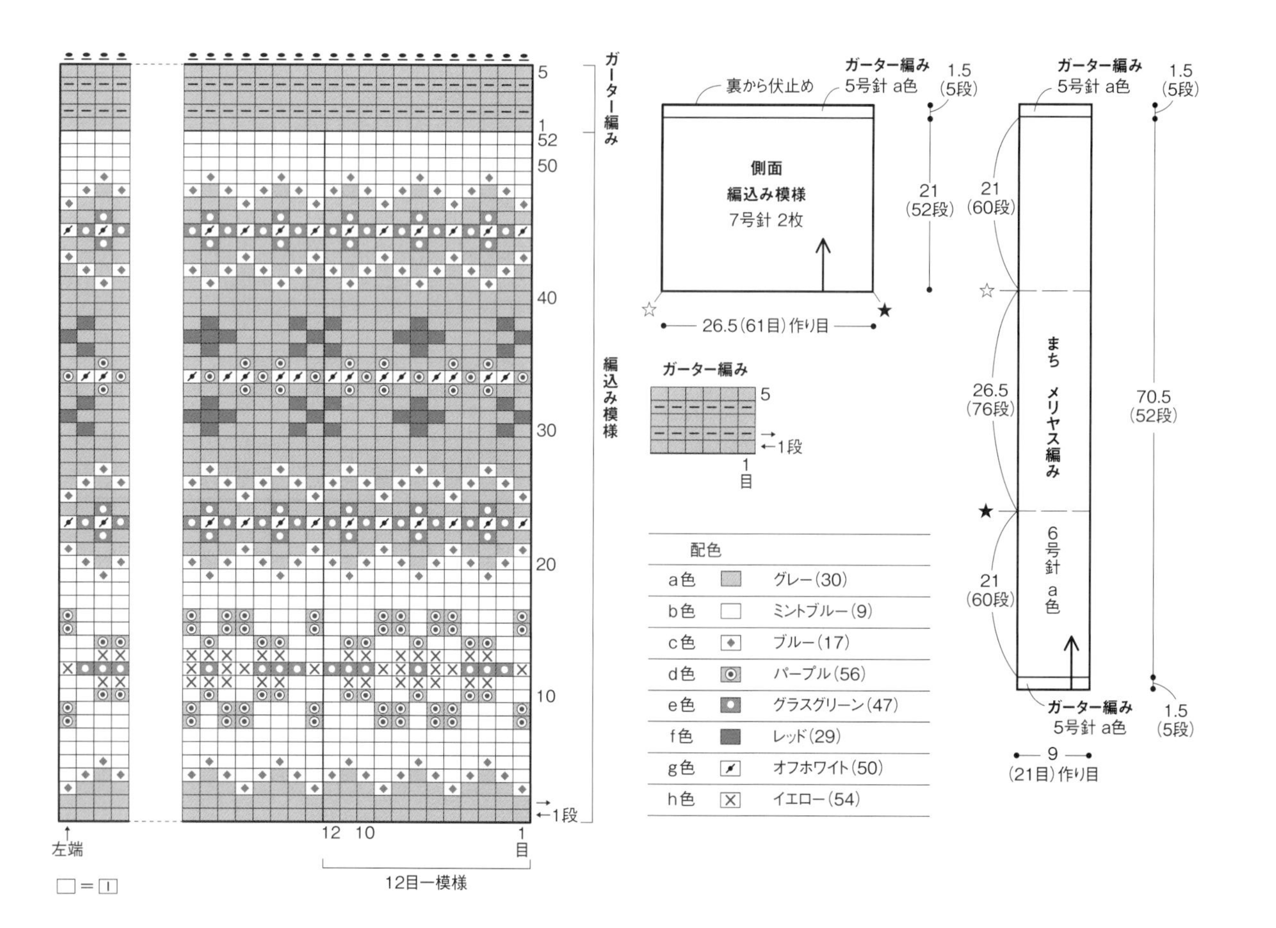

配色		
a色		グレー(30)
b色		ミントブルー(9)
c色		ブルー(17)
d色		パープル(56)
e色		グラスグリーン(47)
f色		レッド(29)
g色		オフホワイト(50)
h色		イエロー(54)

接着芯の寸法(裁切り)

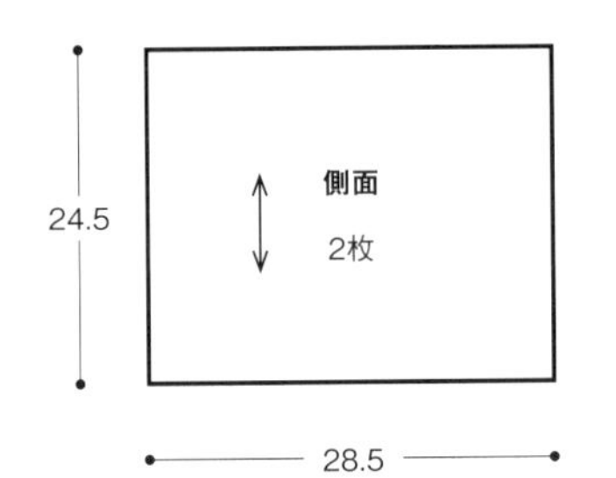

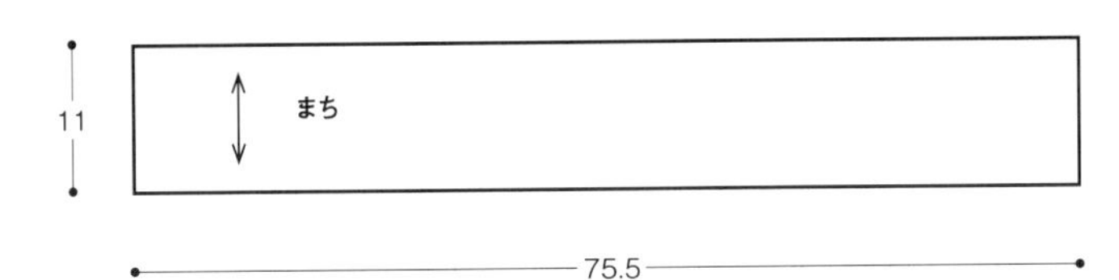

1. 接着芯を仮どめする

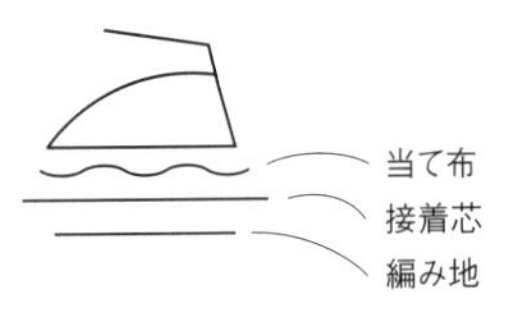

編み地の裏に、編み地より各1cm大きく裁断した接着芯をのせ、アイロンで編み地の中央を仮どめする。
(周囲3〜4cmはアイロンを当てない)

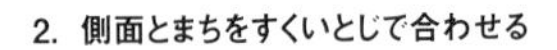

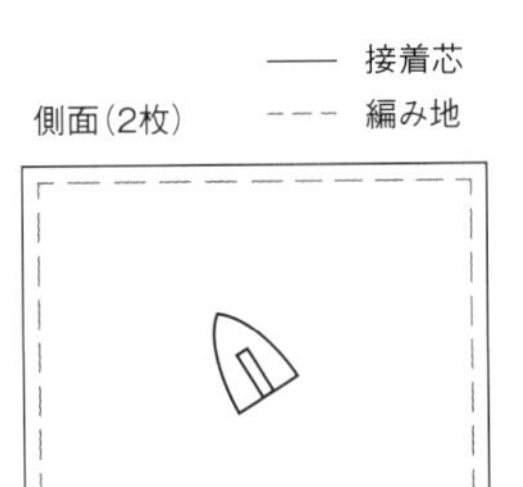

まち

2. 側面とまちをすくいとじで合わせる

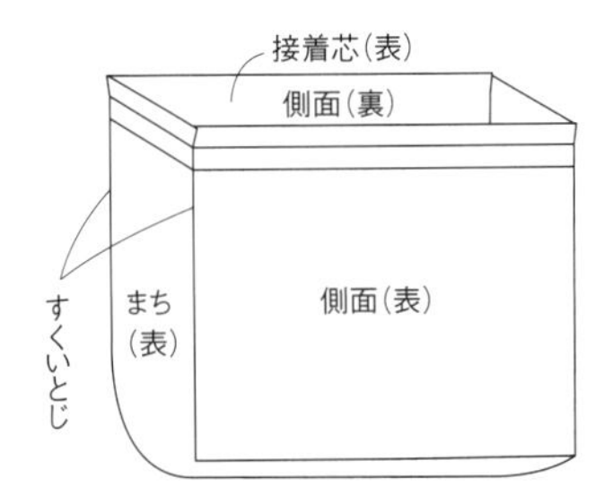

3. 接着芯を側面側に折り込んでまつる

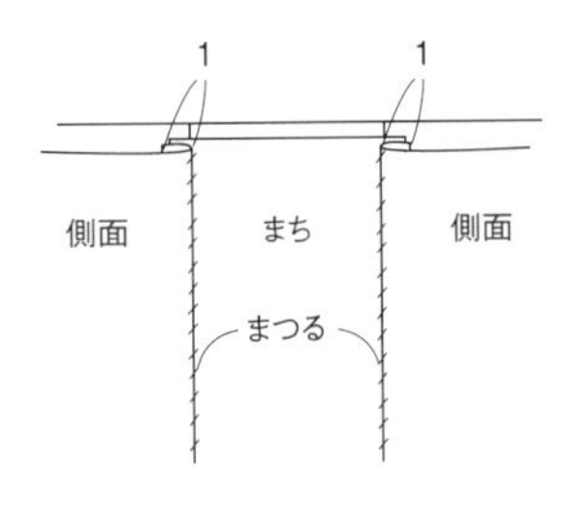

4. 入れ口の接着芯をまつる

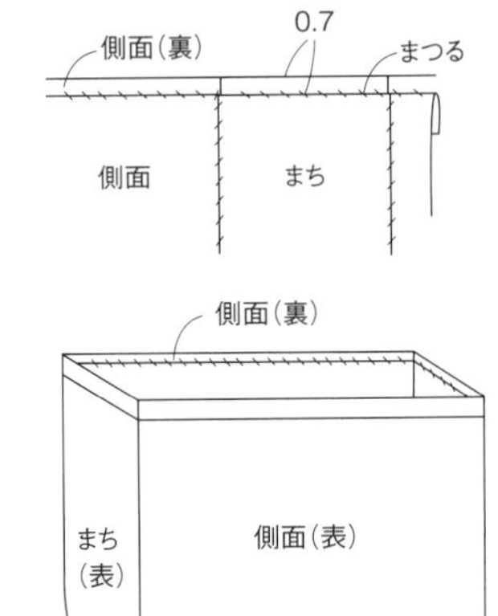

5.アイロンを裏側から当て、接着芯を全面にしっかり接着する

6.持ち手を縫いつける

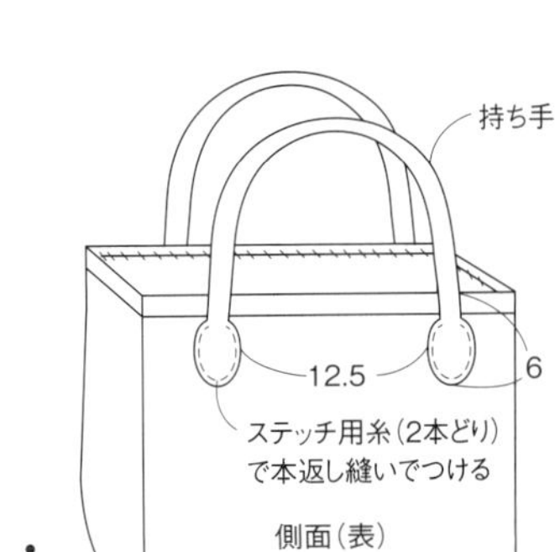

K フェアアイルベスト 

p.15

〈 糸 〉　パピー シェットランド
使用色番号は配色表参照
a色 240g、b色 30g、c色 18g、d色 15g、e色・f色各 9g、g色・h色各 5g

〈 用具 〉　7号、6号 2本棒針、5号 4本棒針

〈 ゲージ 〉　編込み模様　23目 25段が 10cm四方
メリヤス編み　23目 28.5段が 10cm四方

〈 サイズ 〉　胸囲 95cm、背肩幅 38cm、着丈 59cm

〈 編み方 〉

糸は1本どりで、指定の配色で編みます。

後ろは別鎖の作り目で編み始め、メリヤス編みで編みます。袖ぐり、後ろ衿ぐりは減らしながら編み、肩は編み残す引返し編みで編みます。編終りは休み目にします。裾は別鎖をほどいて目を棒針に移し、1目ゴム編みで編みます。編終りは1目ゴム編み止めにします。

前は後ろと同様に編み始めます。編込み模様は、糸を横に渡して編みます。

肩はかぶせはぎ、脇はすくいとじで合わせます。

衿ぐりと袖ぐりは、前後から拾い目をして、輪に1目ゴム編みを編み、編終りは1目ゴム編み止めにします。

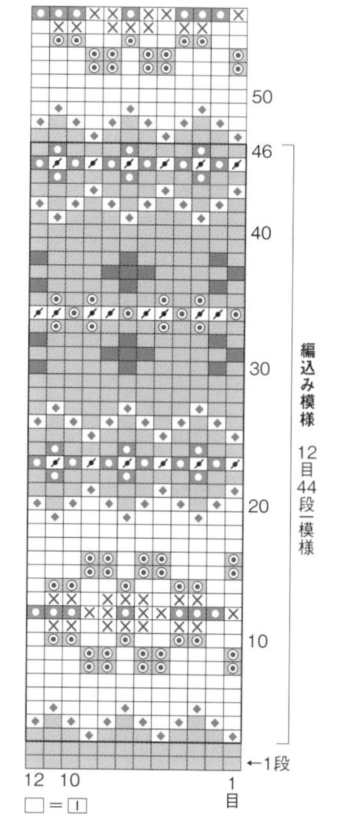

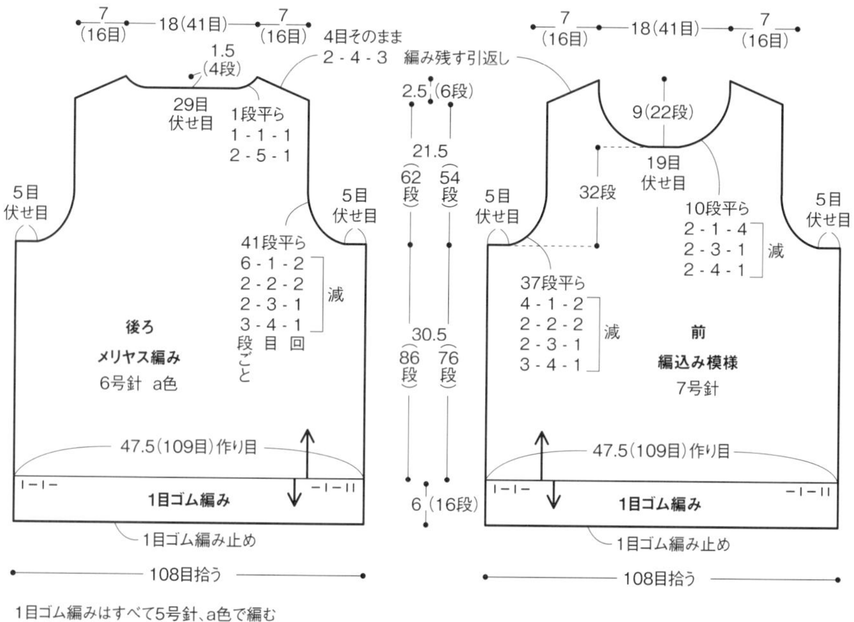

1目ゴム編みはすべて5号針、a色で編む

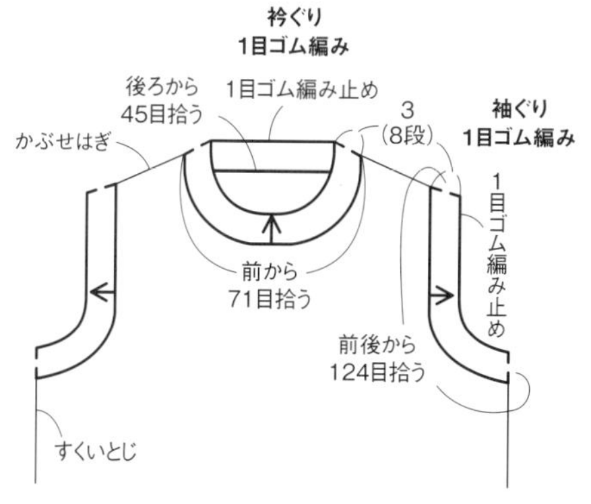

1目ゴム編み（衿・袖ぐり）

←1段
2 1目

1目ゴム編み（後ろ・前）

←1段
2 1目
□＝−

配色

a色	▨	グレー(30)
b色	□	ミントブルー(9)
c色	◆	ブルー(17)
d色	◎	パープル(56)
e色	●	グラスグリーン(47)
f色	■	レッド(29)
g色	⟋	オフホワイト(50)
h色	☒	イエロー(54)

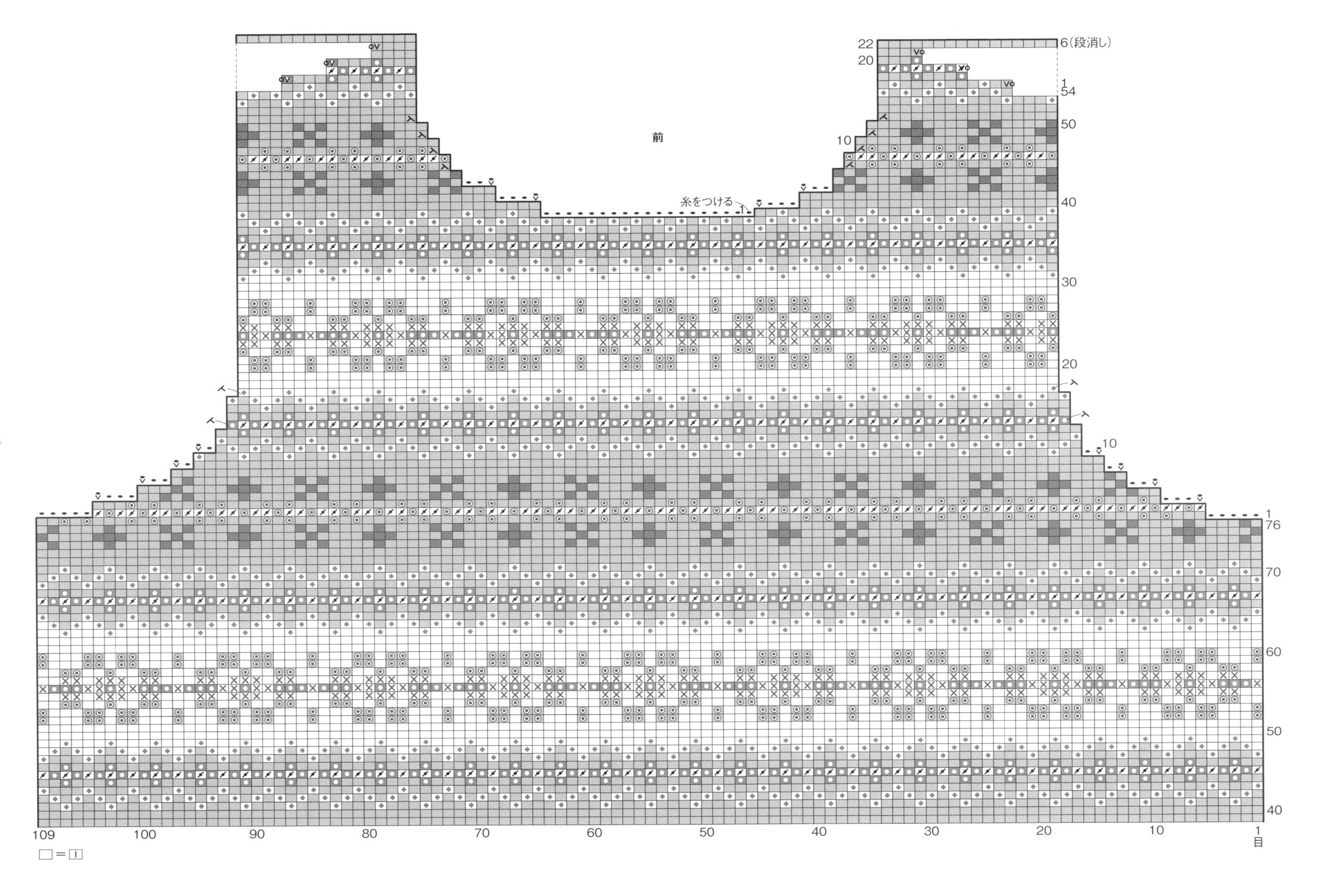

前
糸をつける
6(段消し)
目
□＝□

L フェアアイルセーター

p.15

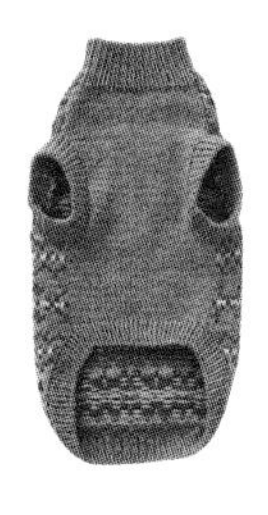

サイズ（単位はcm）

	首回り	胴回り	背丈
S	21	34.5	26
SM	25.5	37.5	28
M	29	43	32
モデル着用	24	40.5	34

モデル着用＝SMの首回りを細く、胴回りを太く、背丈を長くアレンジ
（製図は p.63）

〈糸〉　パピー シェットランド
使用色番号は配色表参照
S─a色 58g、b色 9g、c色 8g、d色・e色各 3g、
f色・g色・h色各 2g
SM─a色 60g、b色 10g、c色 9g、d色・e色・f色各 3g、
g色・h色各 2g
M─a色 65g、b色 10g、c色 9g、d色・e色・f色各 3g、
g色・h色各 2g
モデル着用─a色 60g、b色・c色各 10g、
d色・e色・f色・g色・h色各 5g

〈用具〉　7号、6号 2本棒針、5号 4本棒針

〈ゲージ〉　編込み模様　23目 25段が 10cm四方
メリヤス編み　23目 28.5段が 10cm四方

〈編み方〉
糸は 1 本どりで、指定の配色で編みます。
背中は指に糸をかける作り目で編み始めます。両端で増しながら編みます。編込み模様は、横に糸を渡しながら編みます。袖ぐり、肩、後ろ衿ぐりは増減目しながら編みます。編終りの目に糸端を通して始末します。
おなかは別鎖の作り目で編み始め、メリヤス編みで背中と同要領に編みます。
脇と肩をすくいとじで合わせます。
裾、衿、袖口は、背中とおなかから拾い目をします（おなかは別鎖をほどいて目を棒針に移す）。衿は背中の中央にリード用穴を作ります。1目ゴム編みを輪に編み、編終りは 1目ゴム編み止めにします。

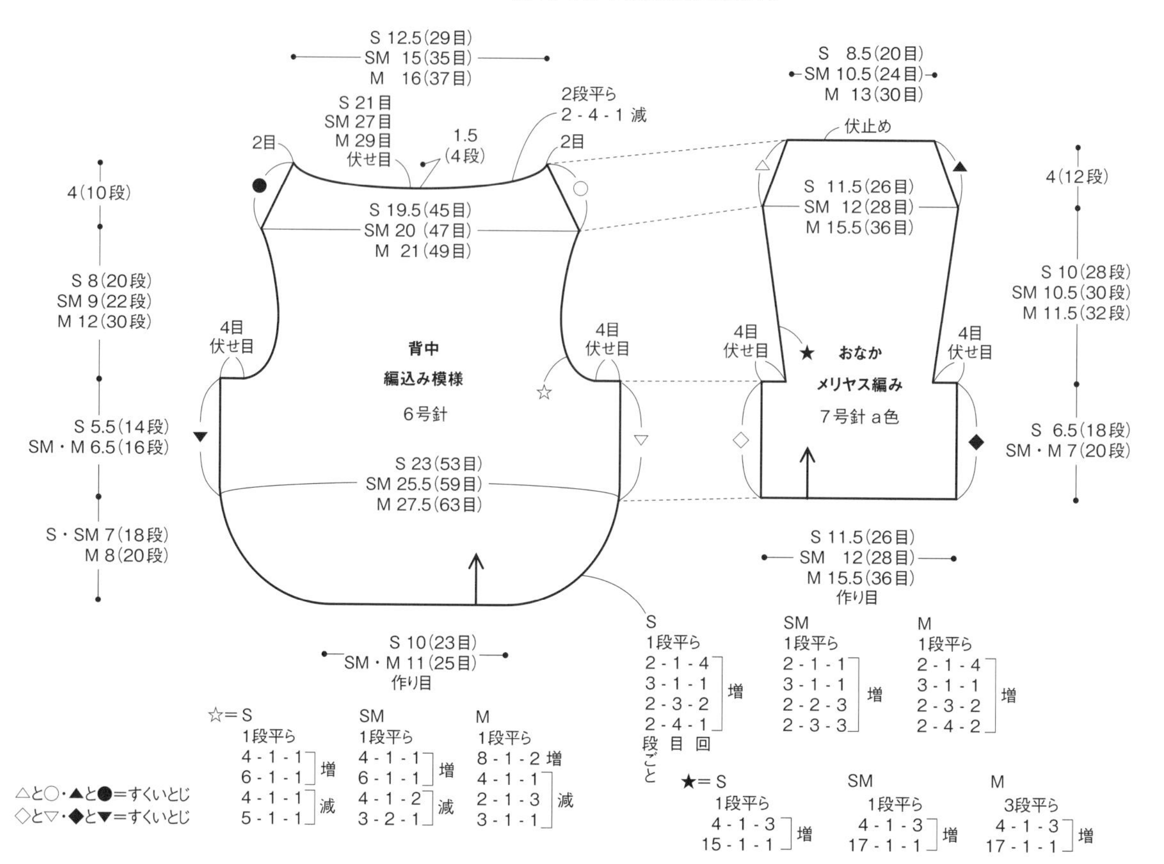

配色		
a色	□(グレー)	グレー(30)
b色	□	ミントブルー(9)
c色	◆	ブルー(17)
d色	◎	パープル(56)
e色	●	グラスグリーン(47)
f色	■	レッド(29)
g色	⁄	オフホワイト(50)
h色	☒	イエロー(54)

編込み模様

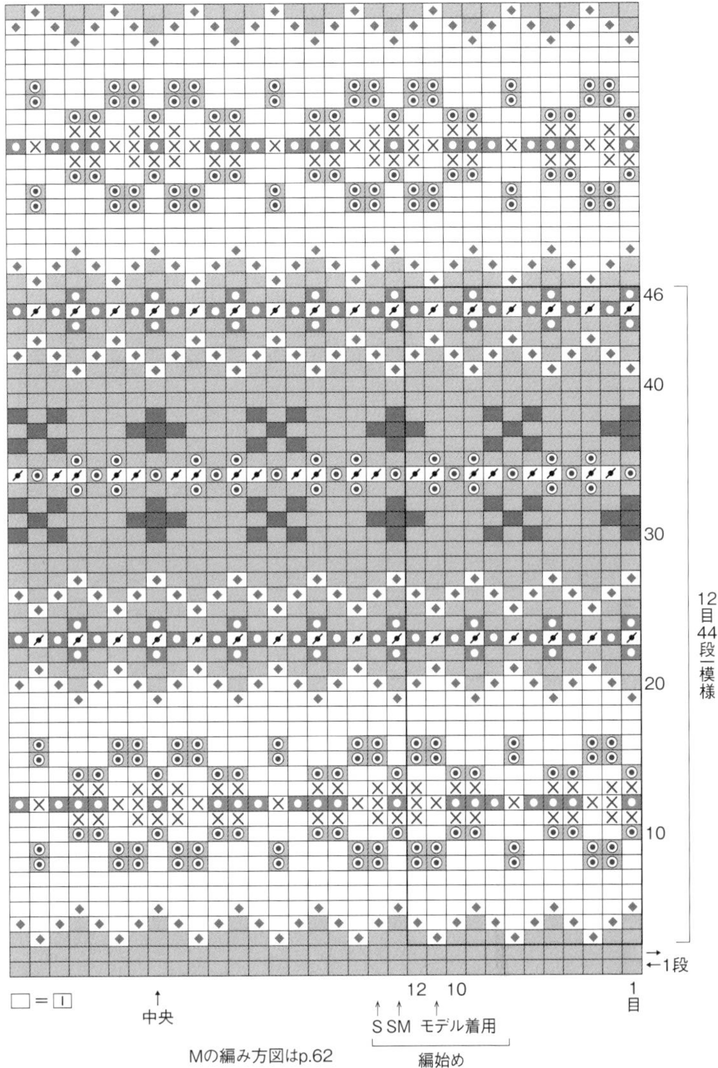

Mの編み方図はp.62

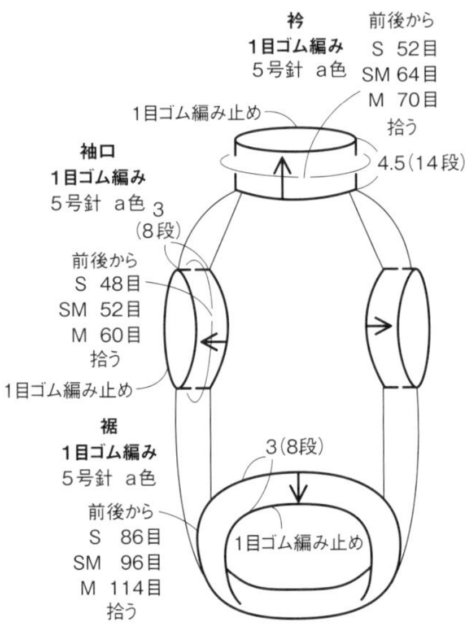

1目ゴム編み

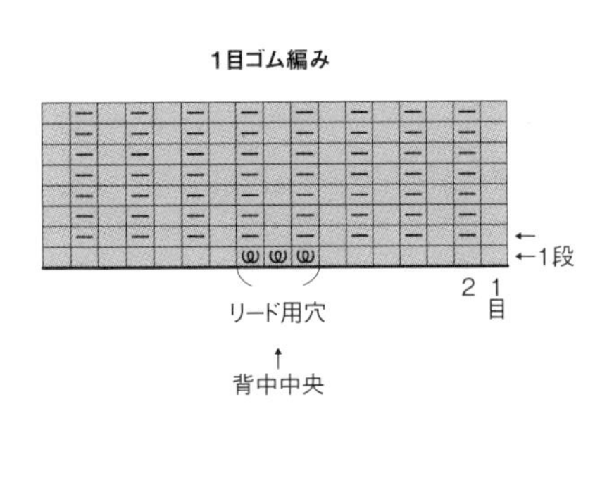

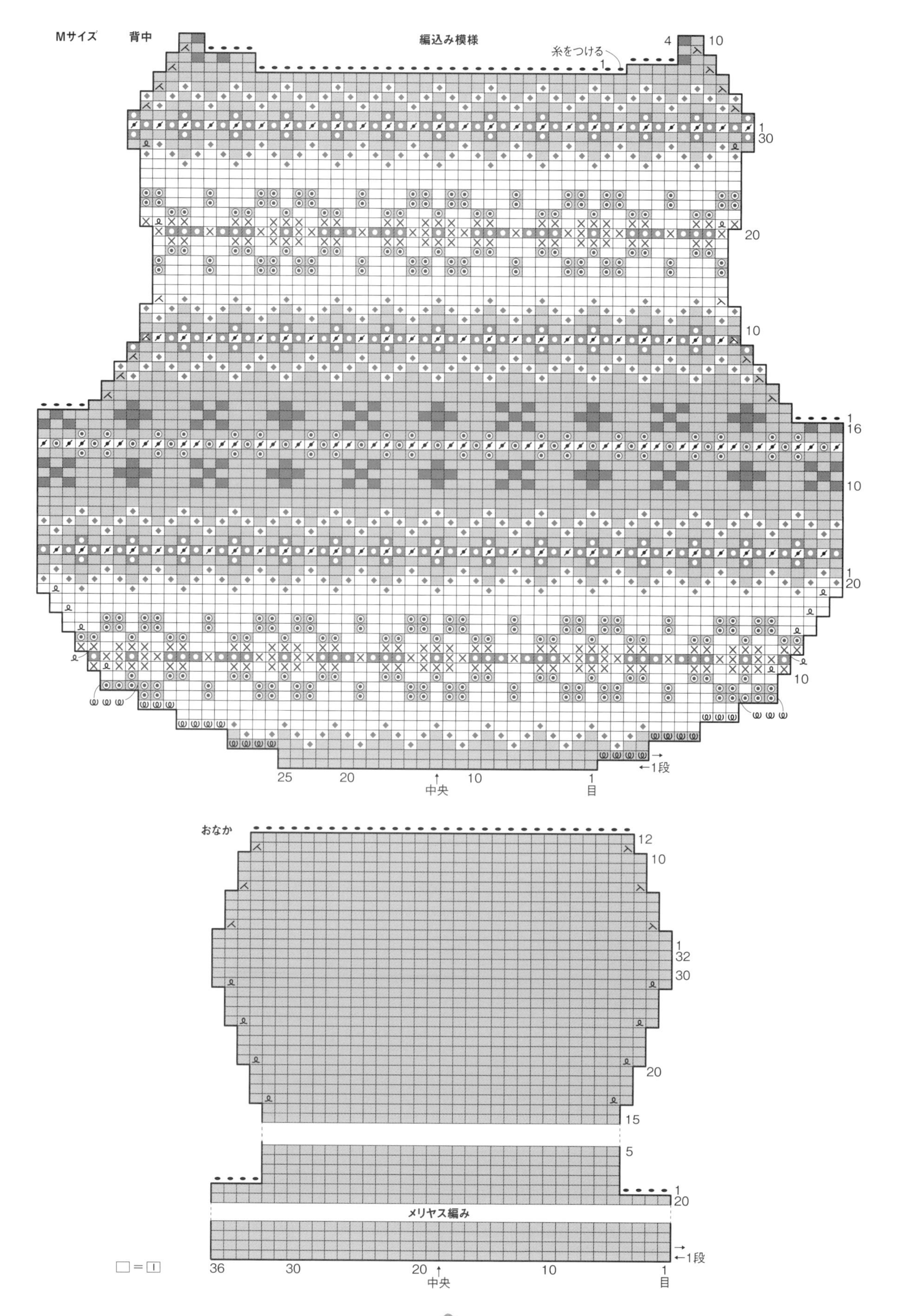
Mサイズ
背中
編込み模様
糸をつける
4
10
1
30
20
10
1
16
10
1
20
10
←1段
25
20
中央
10
1
目
おなか
12
10
1
32
30
20
15
5
1
20
メリヤス編み
←1段
36
30
20
中央
10
1
目
□＝□

モデル着用　編込み模様、1目ゴム編みの記号図はp.61参照

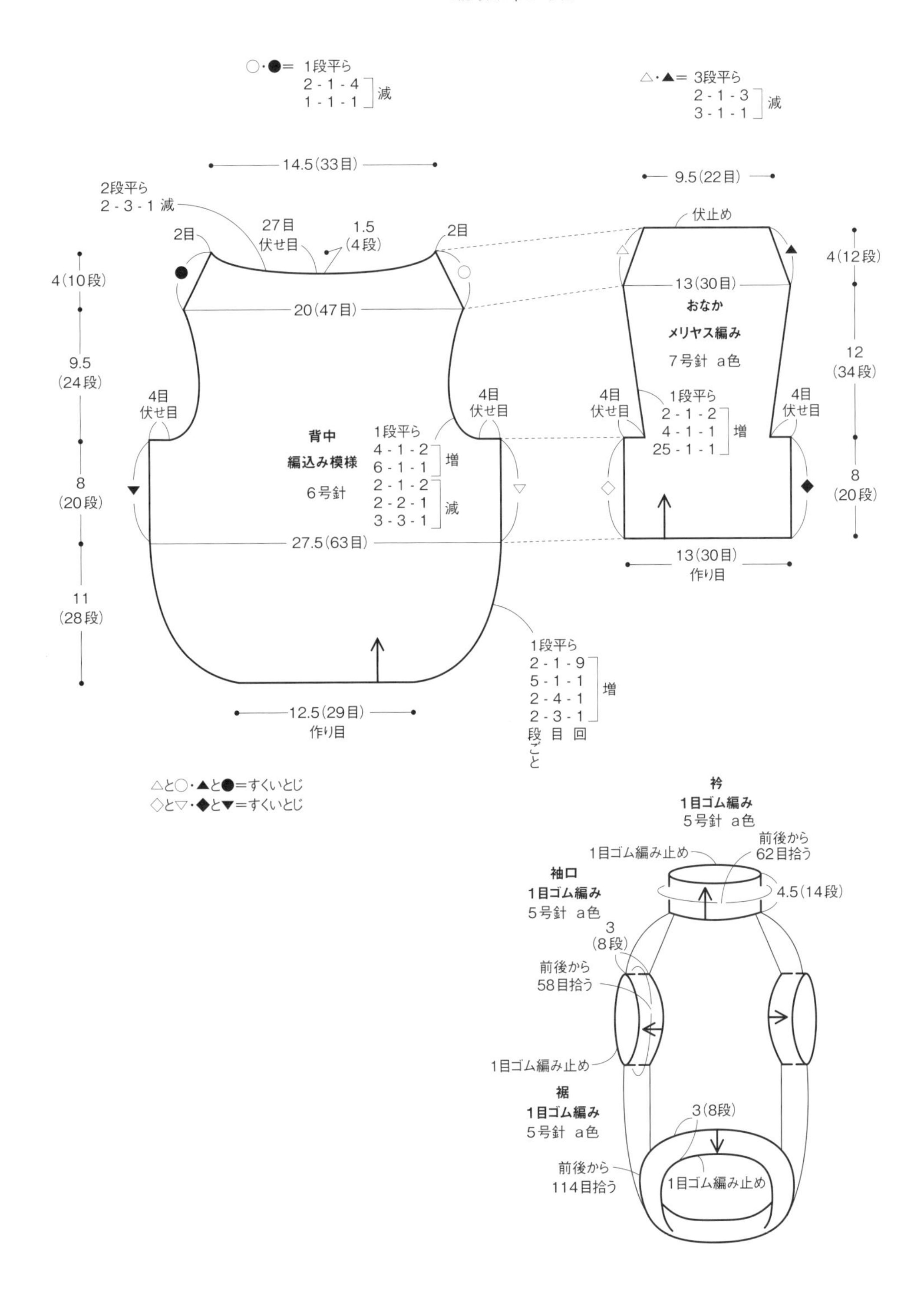

M・N ケーブルセーター p.16-17

サイズ（単位はcm）

	首回り	胴回り	背丈
M	27	43.5	30.5
ML	29	48.5	34.5
L	34	54	36.5
p.16モデル着用	28	43.5	41.5
p.17モデル着用	36	58	36.5

p.16 モデル着用＝Mの首回りを太く、着丈を長くアレンジ（製図は p.66）
p.17 モデル着用＝ L の首回りと胴回りを太くアレンジ（製図は p.66）

〈 糸 〉 ハマナカ アランツィード
使用色番号は配色表参照
M— a色 47g、b色 9g、c色 7g
ML— a色 58g、b色 10g、c色 8g
L— a色 69g、b色 12g、c色 10g
p.16 モデル着用— a色 68g、b色 12g、c色 10g
p.17 モデル着用— a色 82g、b色 15g、c色 12g

〈 用具 〉 8号 2本棒針、7号 4本棒針

〈 ゲージ 〉 メリヤス編み　16.5目 22段が 10cm四方
模様編み　1模様 8目が 4cm、22段が 10cm四方

〈 編み方 〉

糸は 1 本どりで、指定の配色で編みます。

背中は 7 号針で、指に糸をかける作り目をして編み始めます。両端 4目は 1目ゴム編み、中央は 2目ゴム編み（縞）で編みます。8号針に替え、1 段めで指定の目数に増して、端 4目は 1目ゴム編み、中央は模様編みで編みます。袖ぐり、肩は増減目しながら編みます。編終りは伏止めにします。

おなかは背中と同要領で編みます。

脇と肩をすくいとじで合わせます。衿、袖口は、背中とおなかから拾い目をして 2目ゴム編み（縞）を輪に編みますが、背中の中央は、図のようにリード用穴を作ります。編終りは伏止めにします。

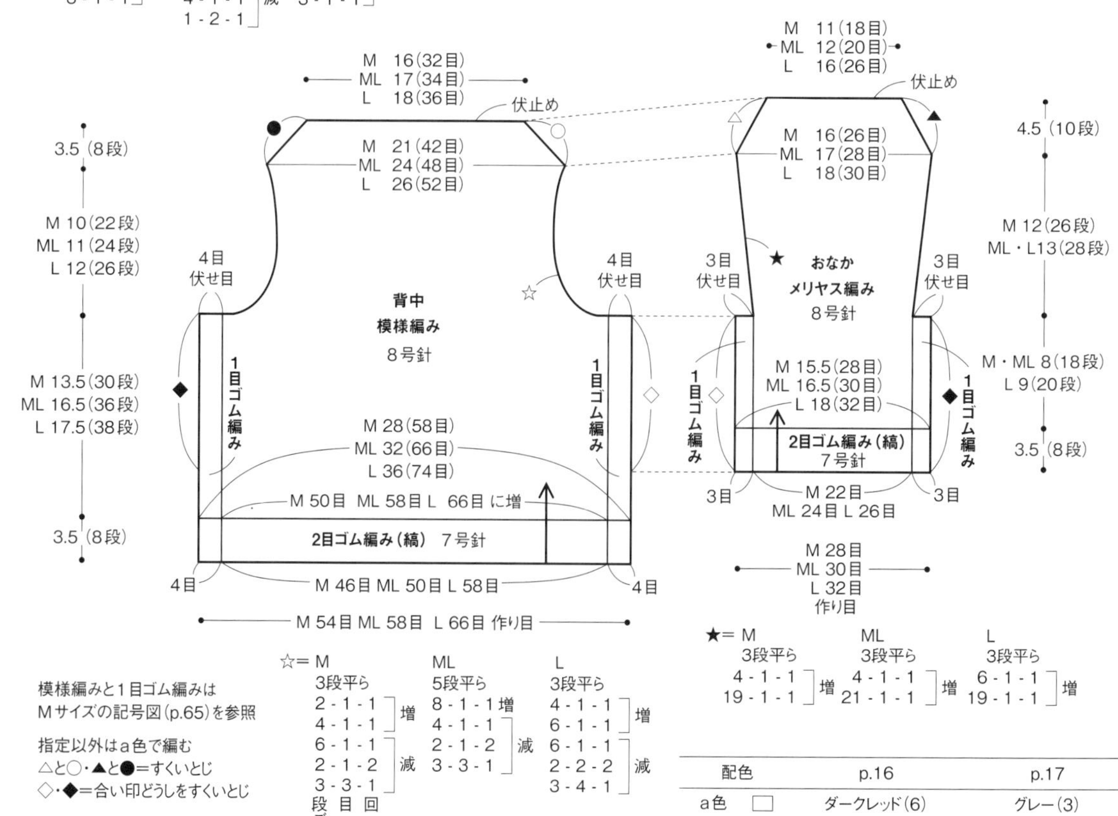

模様編みと1目ゴム編みは
Mサイズの記号図（p.65）を参照
指定以外はa色で編む
△と○・▲と●＝すくいとじ
◇・◆＝合い印どうしをすくいとじ

衿、袖口の編み方はp.66

配色	p.16	p.17
a色	ダークレッド(6)	グレー(3)
b色	チャコールグレー(9)	ダークレッド(6)
c色	アイボリー(1)	アイボリー(1)

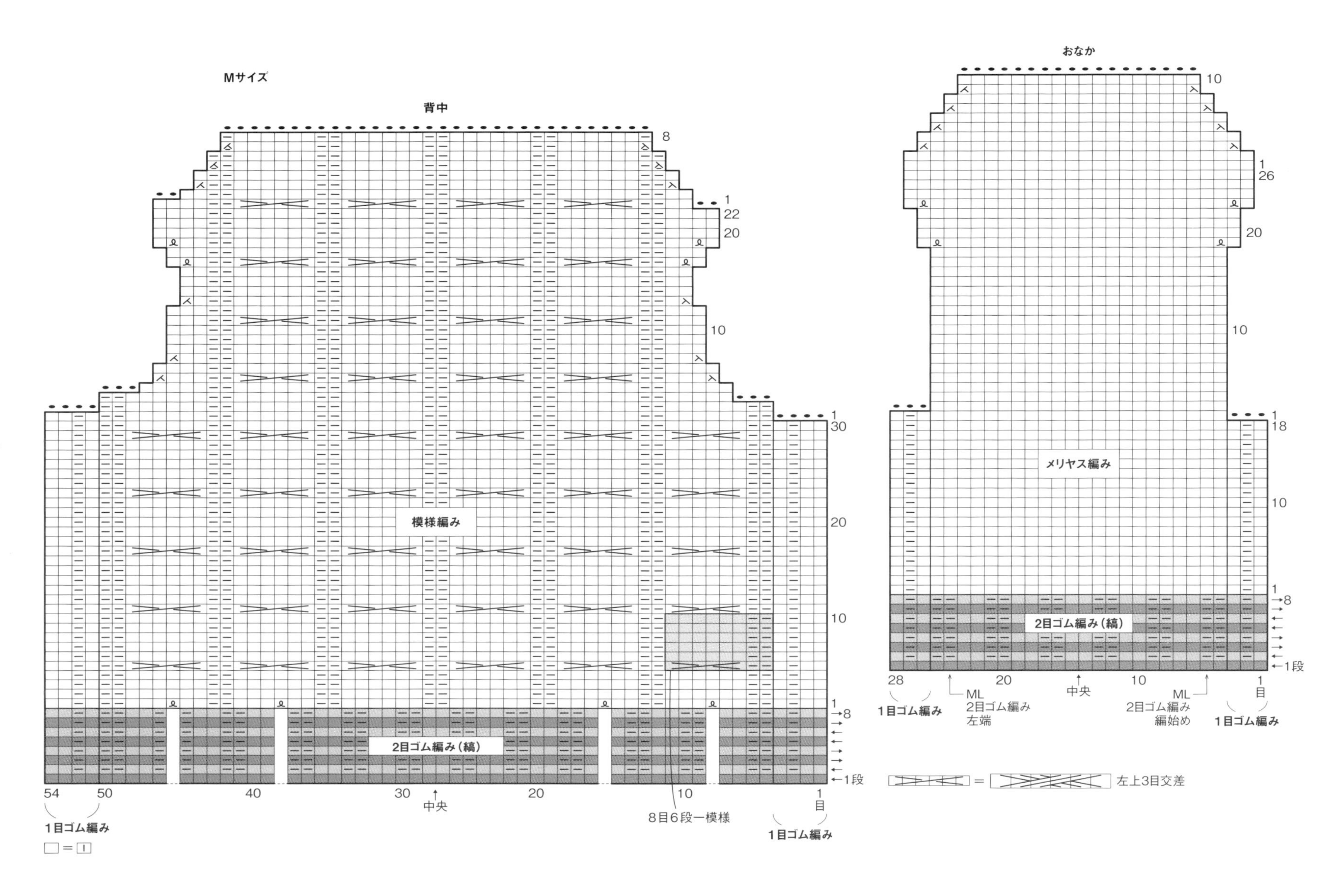

Mサイズ
背中
模様編み
2目ゴム編み(縞)
1目ゴム編み
中央
8目6段一模様
1段
□＝|
おなか
メリヤス編み
2目ゴム編み(縞)
ML
2目ゴム編み
左端
ML
2目ゴム編み
編始め
1目ゴム編み
左上3目交差

M=p.16モデル着用
N=p.17モデル着用

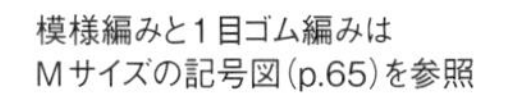

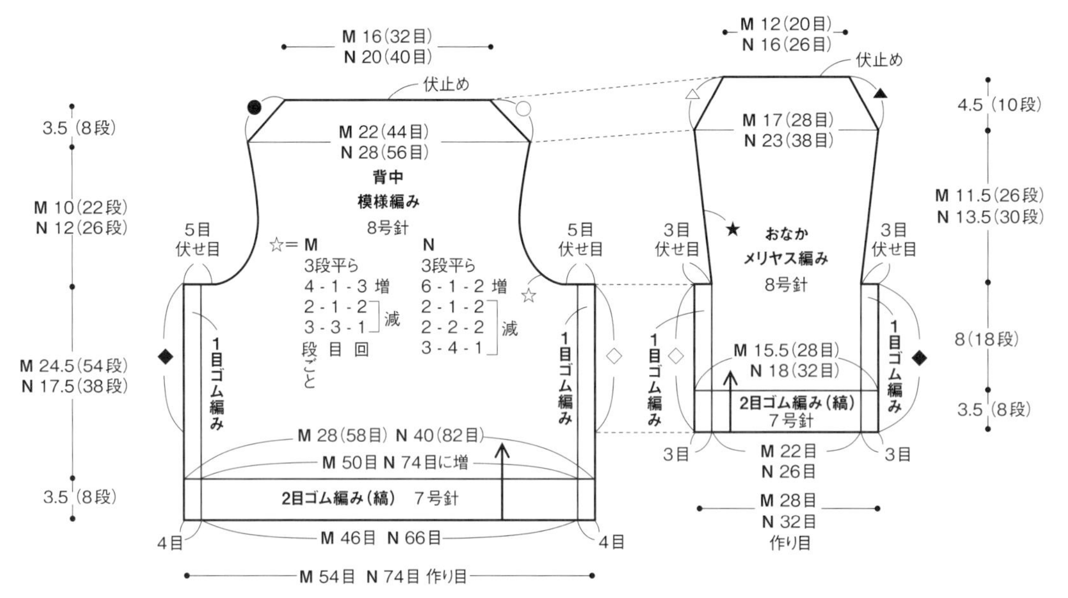

指定以外はa色で編む
△と○・▲と●＝すくいとじ
◇・◆＝合い印どうしをすくいとじ

衿
2目ゴム編み(縞)
7号針
伏止め
前後から
M 44目
ML 48目
L 52目
p.16モデル着用 48目
p.17モデル着用 60目
拾う
3.5(8段)

袖口
2目ゴム編み(縞)
7号針
3.5(8段)
前後から
M 40目
ML 44目
L 48目
p.16モデル着用 40目
p.17モデル着用 52目
拾う
伏止め

2目ゴム編み(縞)
8
1段
4
1目
リード用穴
背中中央
□＝⏐

P ヨークの記号図

配色		
a色	□	ブルー(5248)
b色	■	ブラウン(5218)
c色	⊡	アイボリー(5207)
d色	▒	グリーン(5250)

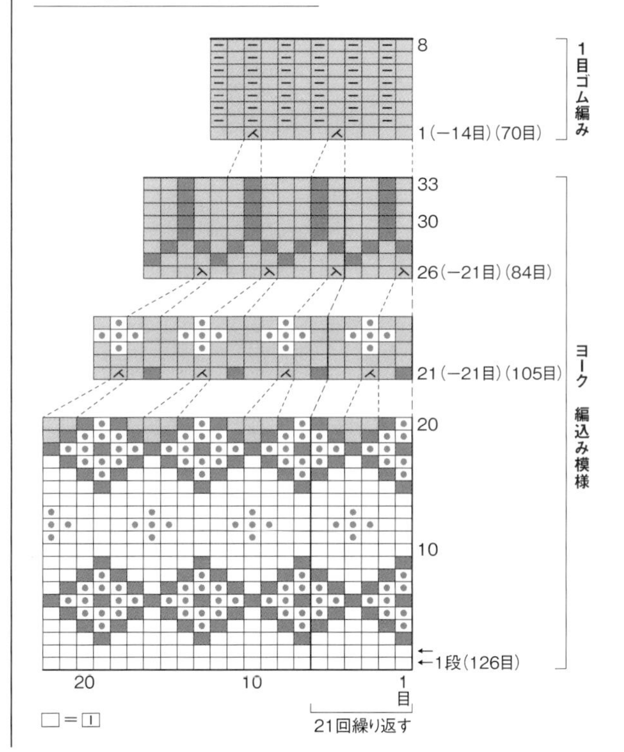

P ロピーセーター 

サイズ（単位はcm）

	首回り	胴回り	背丈
XL	37	61	60.5

モデルは XLを着用（着丈はモデルサイズに長くアレンジ）

〈糸〉 パピー ソフトドネガル ブルー（5248）135g、グリーン（5250）20g、ブラウン（5218）16g、アイボリー（5207）14g

〈用具〉 10号・9号・7号 4本棒針

〈ゲージ〉 メリヤス編み 15目22段が10cm四方
編込み模様 15目20段が10cm四方

〈編み方〉

糸は1本どりで、指定の配色で編みます。

背中は指に糸をかける作り目で編み始めます。図のように、メリヤス編みで増しながら編みます。続けて背中とおなかを続けて輪に編みますが、おなかは別鎖の作り目から拾います。袖ぐりは伏せ目にし、背中とおなかに分けて、各6段編みます。

ヨークはおなかから20目、作り目から25目、背中から56目、作り目から25目を拾い、輪に編込み模様を編みます。編込み模様は糸を横に渡す編込みで、図のように減らしながら編みます。続けて1目ゴム編みを編み、編終りは1目ゴム編み止めにします。

裾、袖口は、指定の位置から拾い目をして1目ゴム編みを輪に編みます。編終りは1目ゴム編み止めにします。

※着丈はメリヤス編みの段数で調整してください。

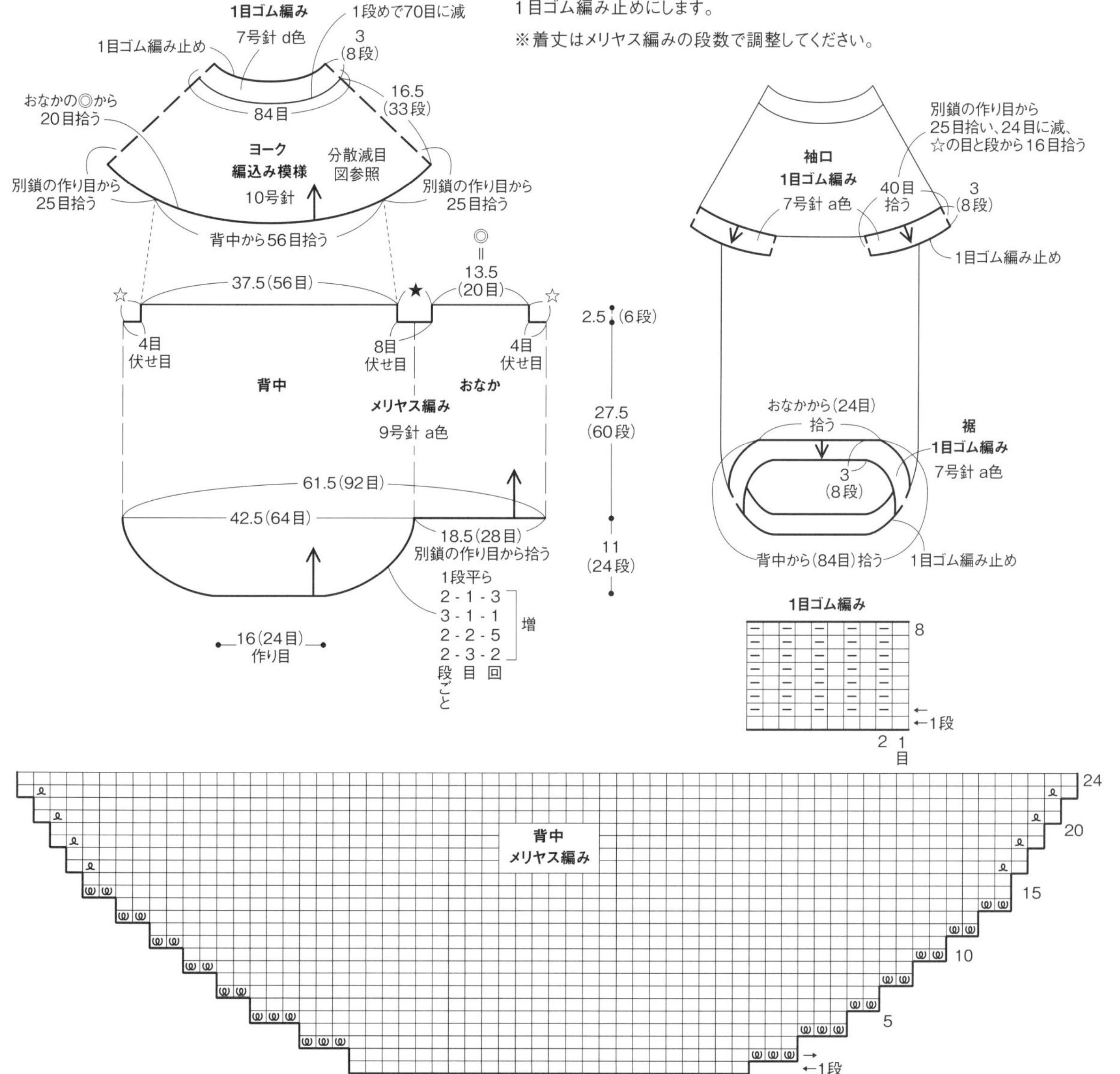

O ケープ p.18

サイズ（単位はcm）

	首回り	胴回り	背丈
M	24.5	40.5	29.5
ML	26.5	44.5	33
L	28	50	34.5
XL	31.5	51.5	38.5

モデルはXLを着用（首回りはボタンの位置で調整）

〈 糸 〉　ハマナカ ルナモール　ブルーグレー（13）
M－55g　ML－65g　L－75g　XL－85g

〈 用具 〉　9号2本棒針

〈 その他 〉　直径1.8cmのボタンを3個

〈 ゲージ 〉　かのこ編み　15目24段が10cm四方

〈 編み方 〉

糸は1本どりで編みます。

背中は別鎖の作り目をして編み始めます。かのこ編みで編み、袖ぐり、衿ぐり、肩は図のように減らします。編終りは伏止めにします。

ベルトと肩ひもは、指定の位置から拾い目をしてかのこ編みを編みますが、肩ひも（右）とベルトは図のようにボタンホールを作ります。編終りは伏止めにします。背中の作り目の別鎖をほどいて棒針に移し、伏止めにします。ボタンを3個つけます。

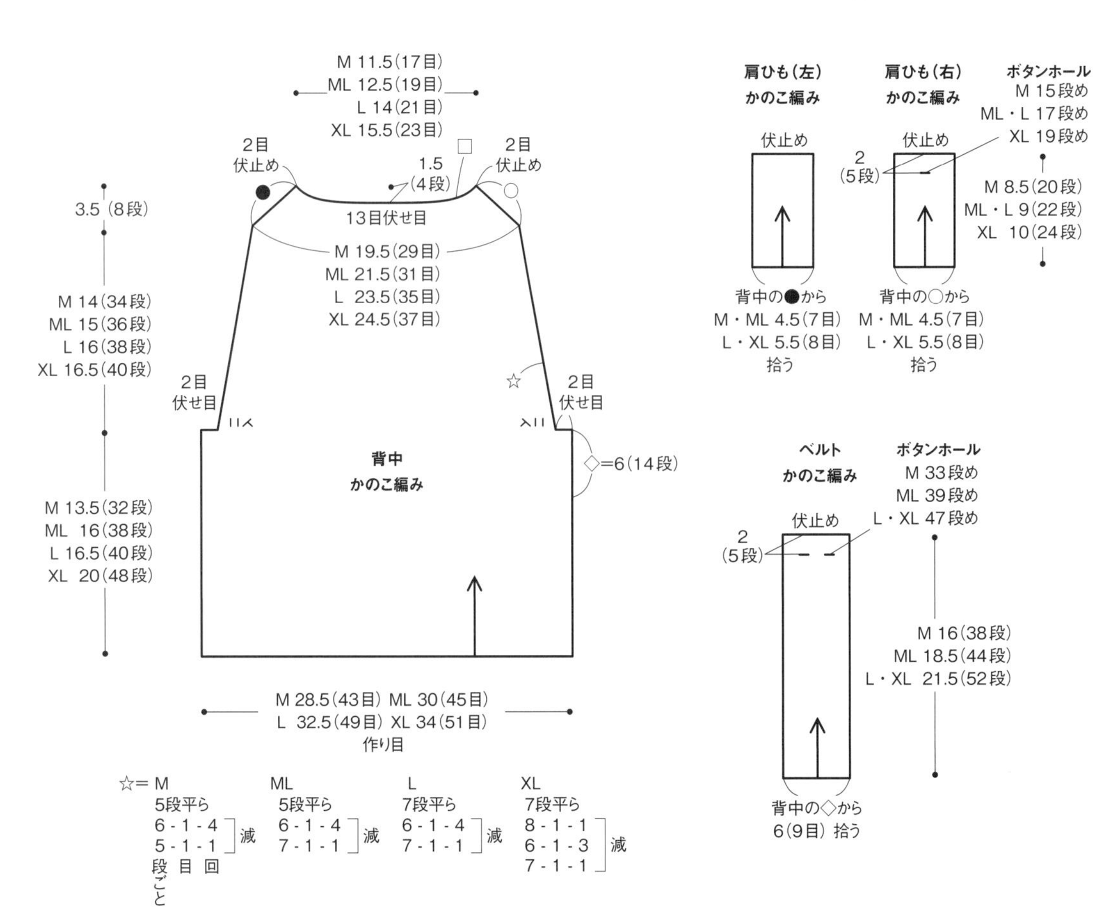

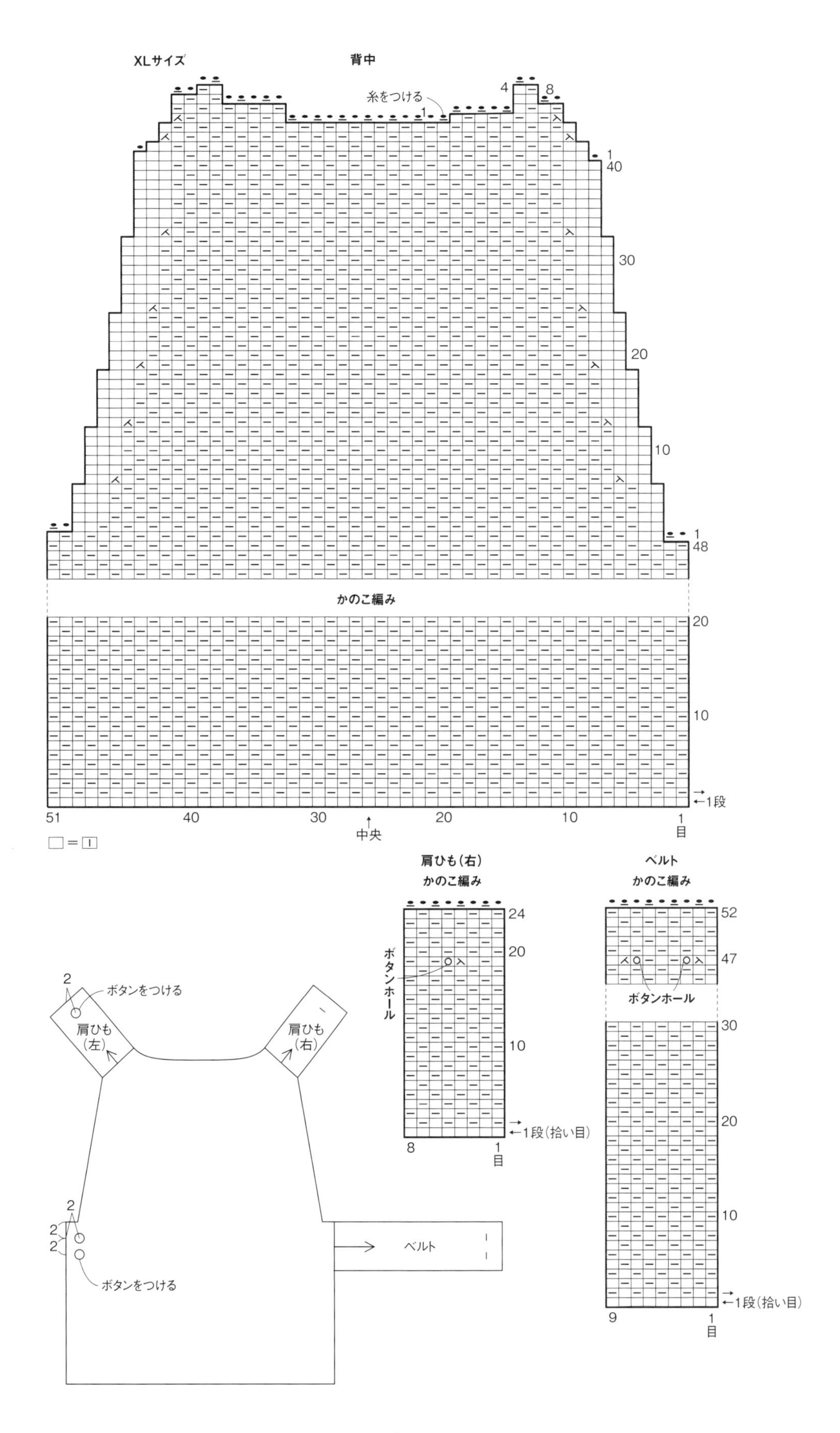
XLサイズ
背中
糸をつける
かのこ編み
中央
目
1段
肩ひも(右)
かのこ編み
ボタンホール
1段(拾い目)
ベルト
かのこ編み
ボタンホール
1段(拾い目)
ボタンをつける
肩ひも
(左)
肩ひも
(右)
ベルト
ボタンをつける

Q アランセーター p.20

サイズ（単位はcm）

	首回り	胴回り	背丈
M	25.5	41	28
ML	28.5	46	35
L	33	52.5	38.5
モデル着用	33	55	35

モデル着用＝Lの胴回りを太く、背丈を短くアレンジ（製図はp.73）

〈糸〉 パピー ソフトドネガル　アイボリー（5207）
M—84g　ML—104g　L—125g　モデル着用—123g

〈用具〉 8号2本棒針、6号4本棒針

〈ゲージ〉 かのこ編み　15.5目24段が10cm四方
模様編みA　14目が6cm、24段が10cm
模様編みB　8目が4cm、24段が10cm

〈編み方〉

糸は1本どりで編みます。

背中は別鎖の作り目で編み始めます。かのこ編みと模様編みA、Bで増しながら編みます。袖ぐり、肩、後ろ衿ぐりは増減目しながら編みます。編終りの目に糸端を通して始末します。

おなかは別鎖の作り目で編み始め、かのこ編みで背中と同要領に編みます。

脇と肩をすくいとじで合わせます。

裾、衿、袖口は、背中とおなかから拾い目をして1目ゴム編みを輪に編みます（別鎖をほどいて目を棒針に移す）。編終りは1目ゴム編み止めにします。

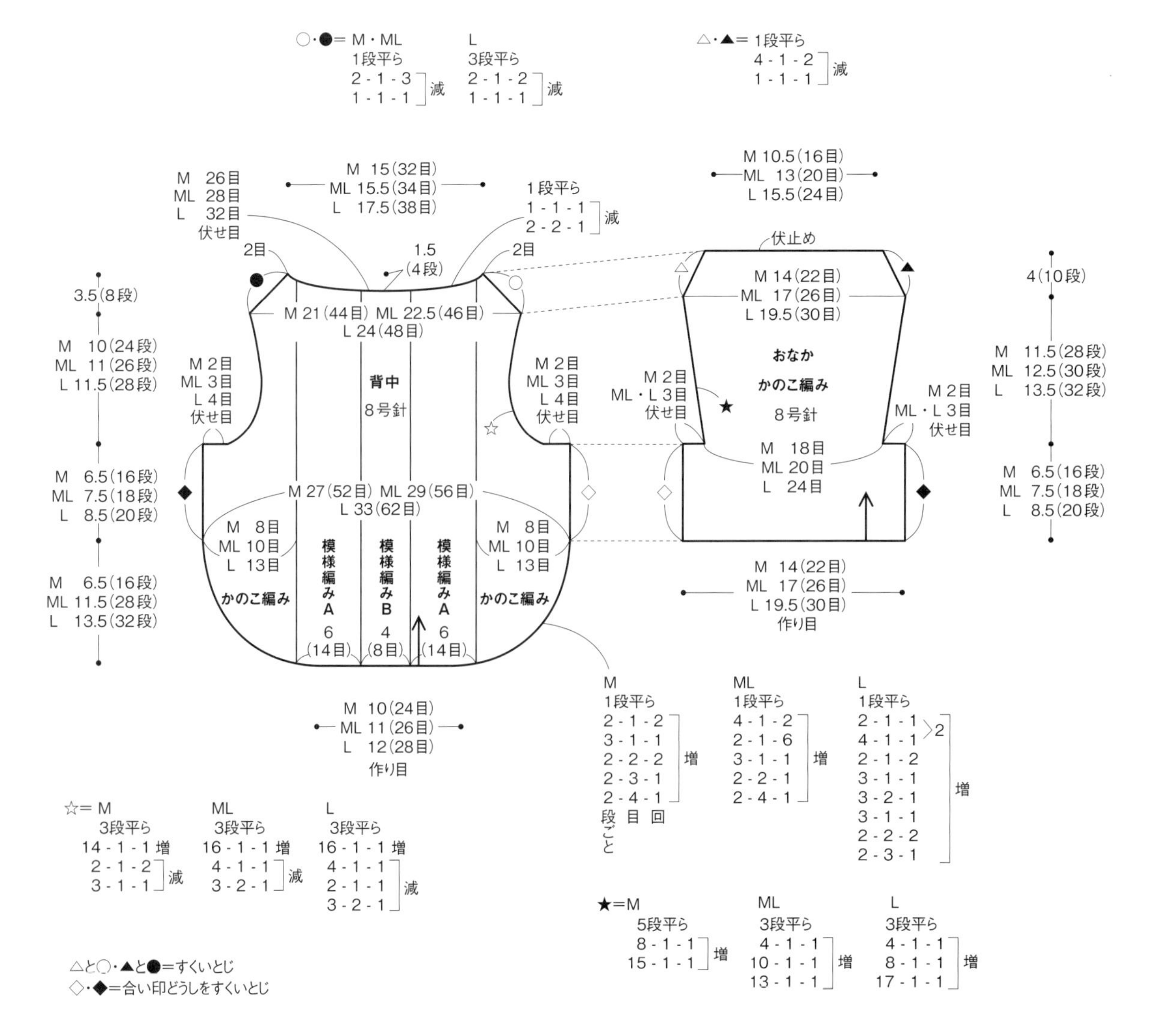

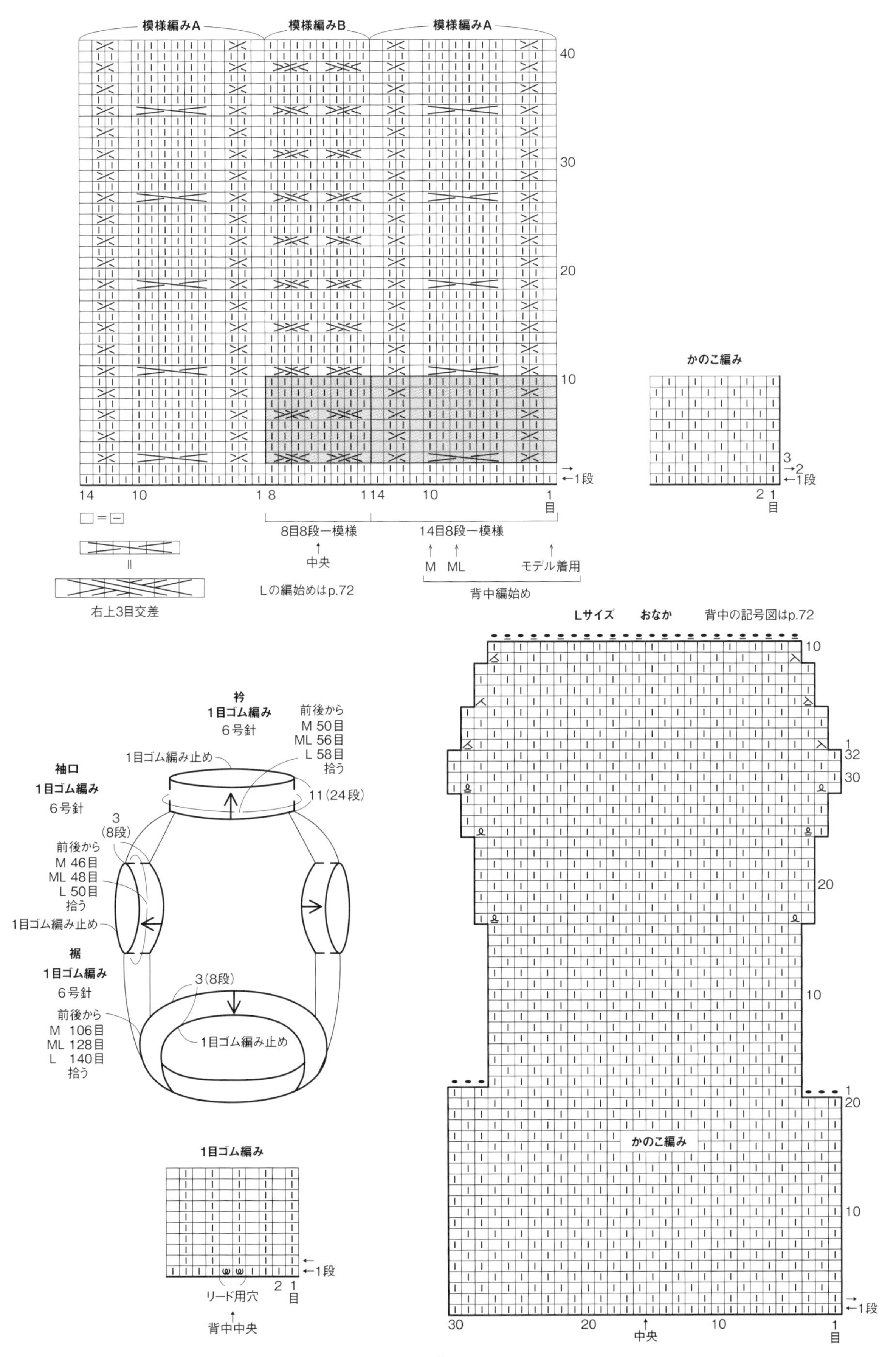
模様編みA
模様編みB
模様編みA
40
30
20
10
→
←1段
14
10
1
8
1
14
10
1
目
□＝⊟
8目8段一模様
14目8段一模様
中央
M
ML
モデル着用
Lの編始めはp.72
背中編始め
右上3目交差
かのこ編み
3
→2
←1段
2
1
目
Lサイズ　おなか　背中の記号図はp.72
衿
1目ゴム編み
6号針
前後から
M 50目
ML 56目
L 58目
拾う
1目ゴム編み止め
11(24段)
袖口
1目ゴム編み
6号針
3
(8段)
前後から
M 46目
ML 48目
L 50目
拾う
1目ゴム編み止め
裾
1目ゴム編み
6号針
3(8段)
前後から
M 106目
ML 128目
L 140目
拾う
1目ゴム編み止め
1目ゴム編み
←
←1段
2
1
目
リード用穴
背中中央
32
30
20
10
1
20
かのこ編み
10
←1段
30
20
10
1
中央
目

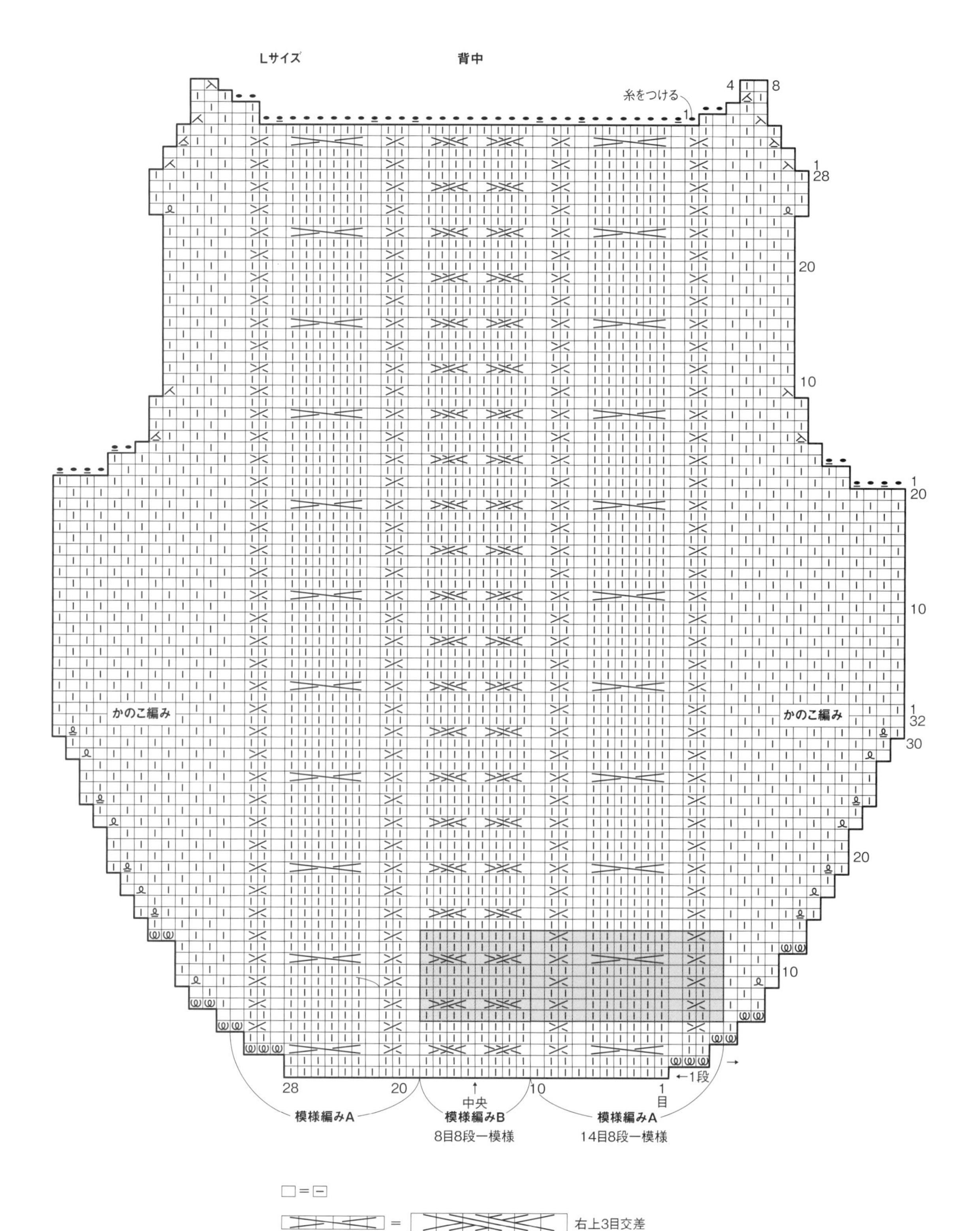
Lサイズ
背中
糸をつける
1
4
8
1
28
20
10
1
20
10
1
32
30
20
10
かのこ編み
かのこ編み
←1段
28
20
中央
10
1
目
模様編みA
模様編みB
8目8段一模様
模様編みA
14目8段一模様
□＝⊟
＝
右上3目交差

モデル着用　かのこ編み、模様編みA、B
の記号図はp.71参照

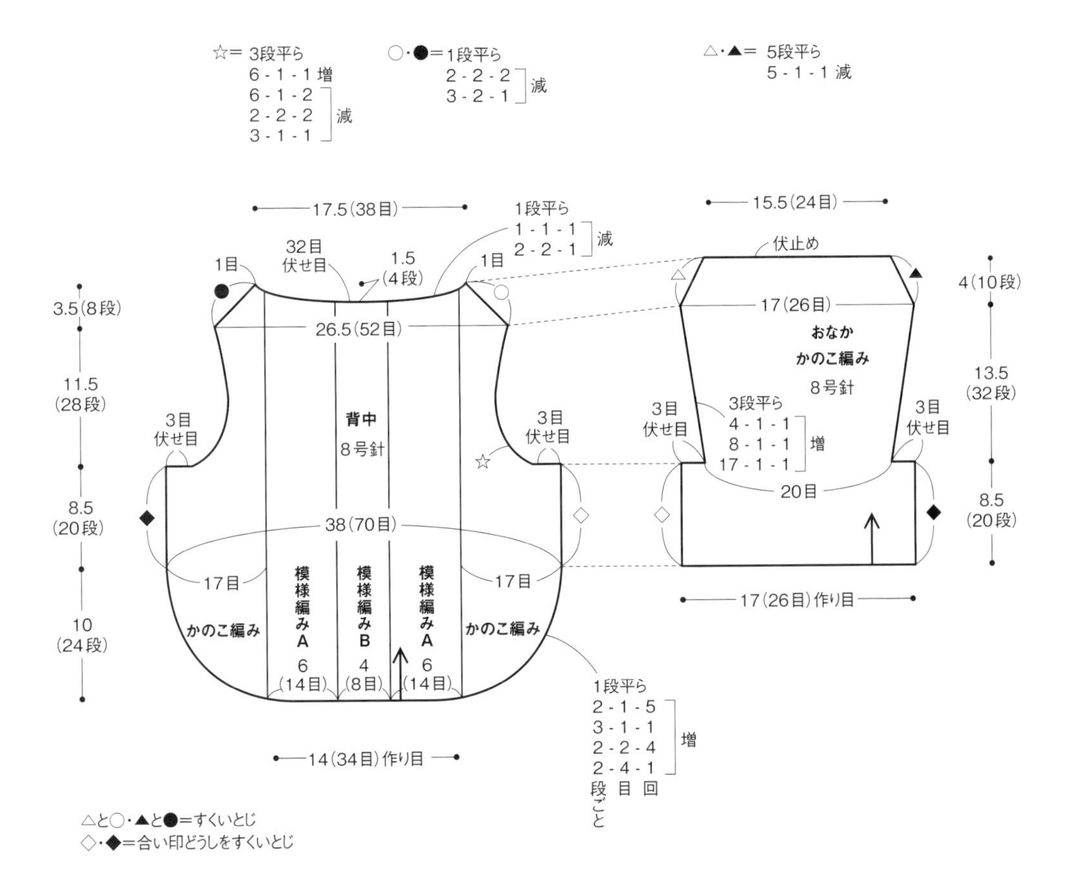

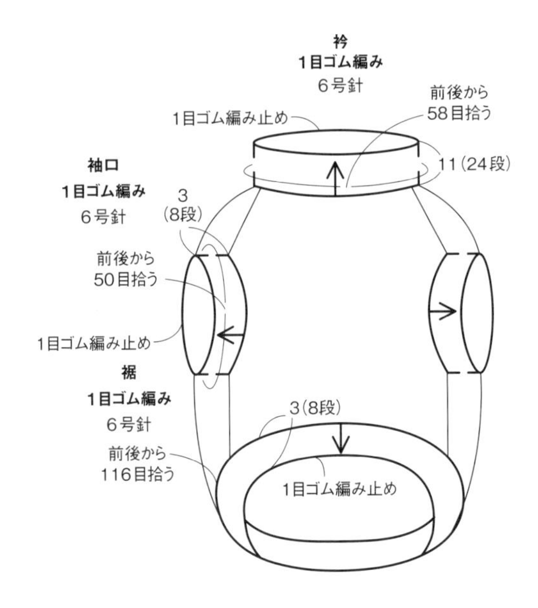

R アランセーター

p.21

〈 糸 〉 パピー ソフトドネガル　アイボリー(5207) 560g
〈 用具 〉 8号2本棒針、6号4本棒針
〈 ゲージ 〉 かのこ編み　15.5目24段が10cm四方
模様編みA　14目が6cm、24段が10cm
模様編みB　8目が4cm、24段が10cm
模様編みC　24目が11cm、24段が10cm
〈 サイズ 〉 胸囲98cm、ゆき丈72.5cm、着丈59.5cm

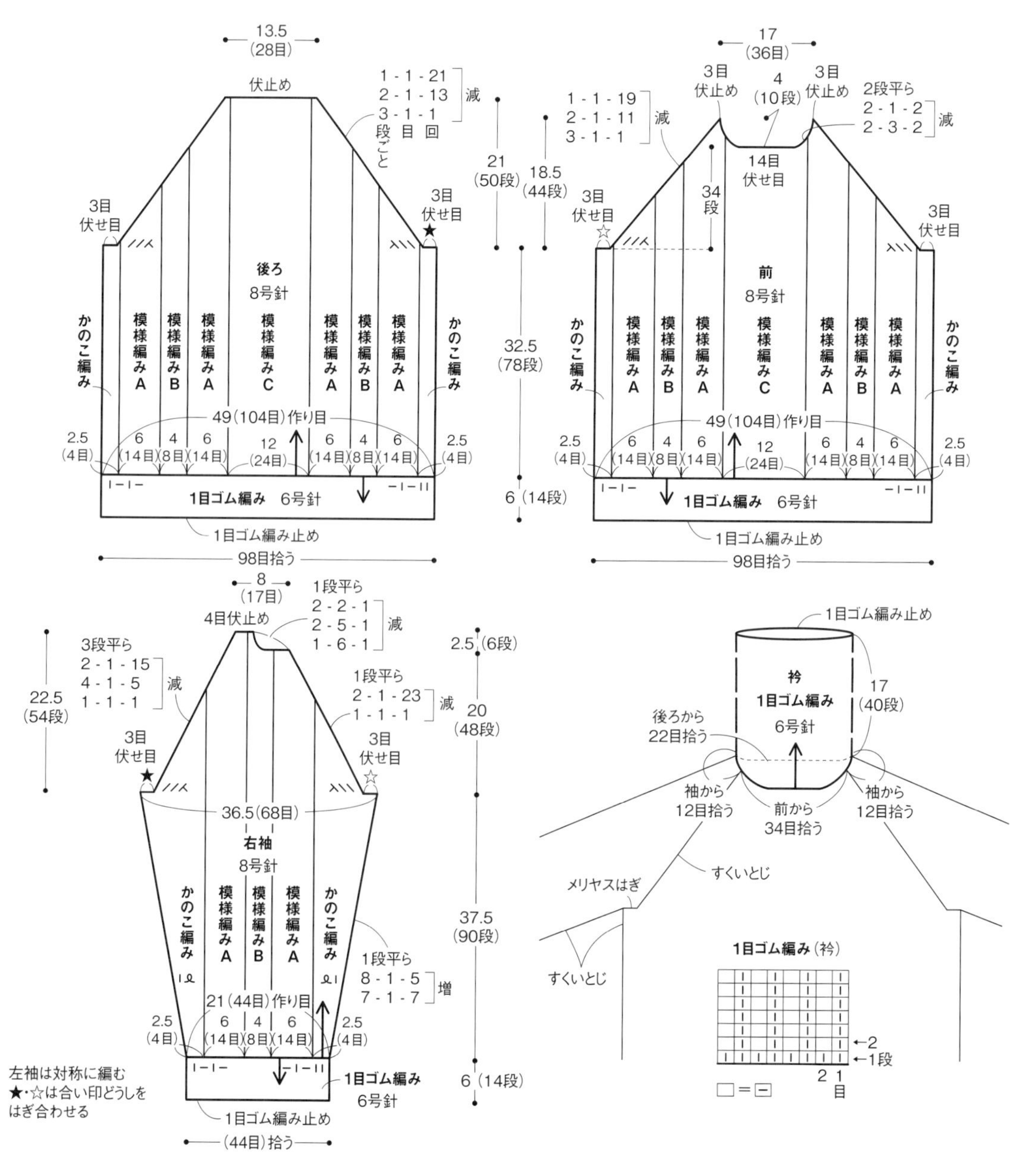

〈 編み方 〉
糸は１本どりで編みます。
後ろは別鎖の作り目をして編み始めます。かのこ編みと模様編みA、B、Cを配置して編みます。袖ぐりは、２目以上の減し目は伏せ目、１目は端の３目を立てて減らします。編終りは伏止めにします。
前は後ろと同要領で編み、前衿ぐりは左右に分けて編みます。
袖は後ろと同様に編み始めます。袖下の増し目は端１目内側をねじり増し目にします。
裾・袖口は別鎖をほどきながら目を棒針に移し、後ろ・前は１段めで指定の目数に減らしながら、１目ゴム編みを編みます。編終りは１目ゴム編み止めにします。
脇、袖下、ラグラン線をすくいとじで合わせます。合い印どうしは、メリヤスはぎで合わせます。
衿は後ろ、前、袖から拾い目をして、輪に１目ゴム編みを編み、編終りは１目ゴム編み止めにします。

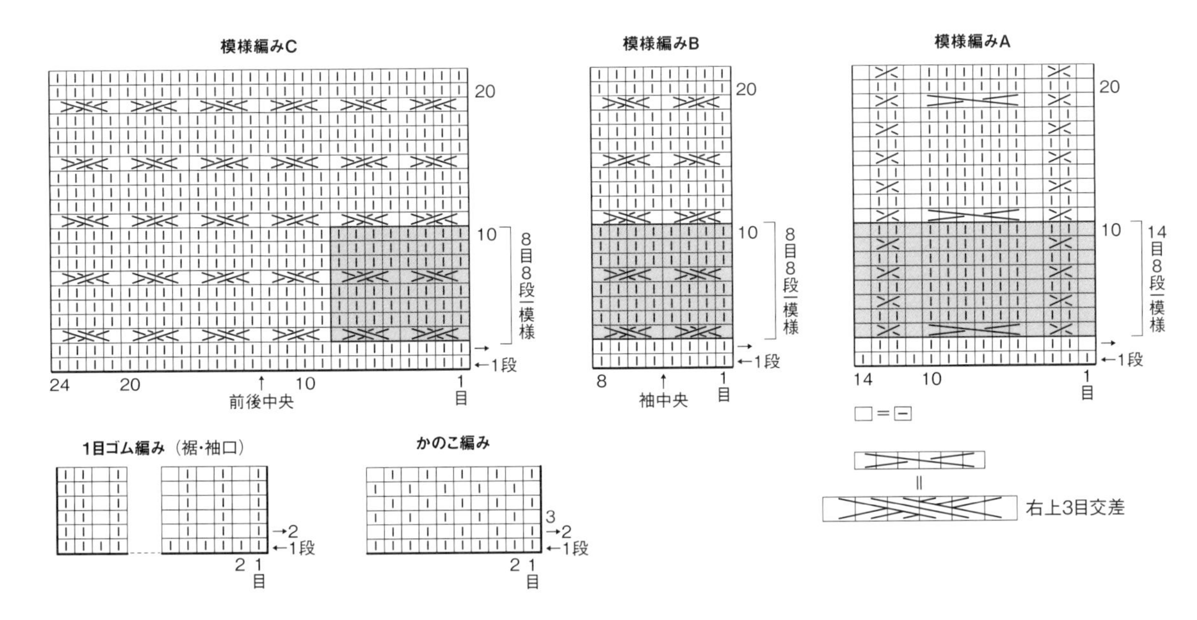

左上１目交差

１目とばして、その次の目に手前から右針を入れます

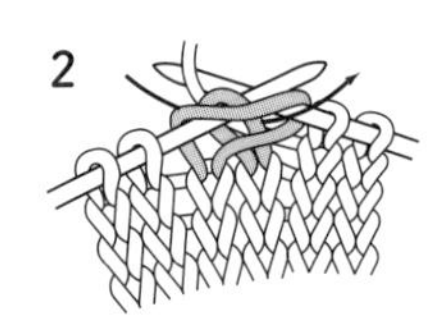

右針に糸をかけて、表目で編みます

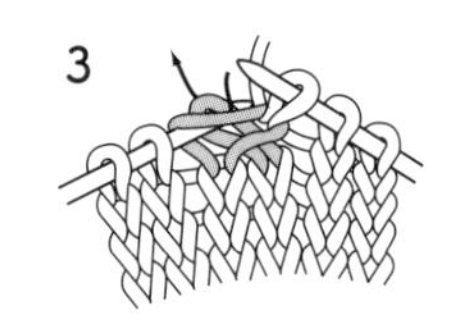

とばした目を表目で編みます

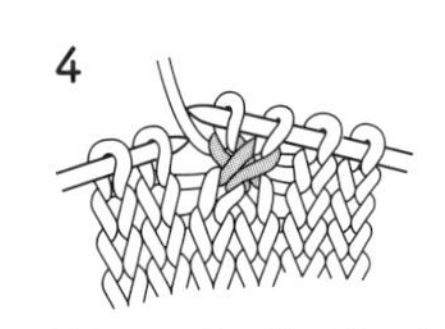

左針から２目はずします。左上１目交差が編めました

左上２目交差

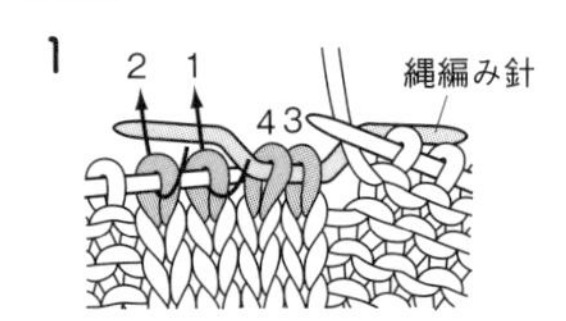

右の２目を縄編み針に移して向う側に休め、１と２の目を表目で編みます

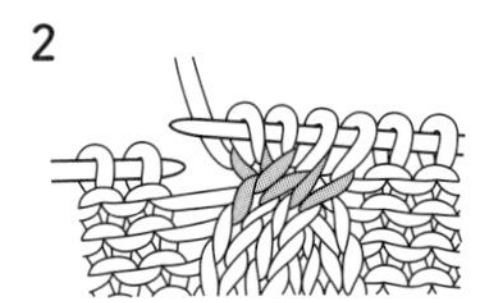

休めておいた２目を表目で編みます。目数が変わっても同じ要領で編みます

右上２目交差

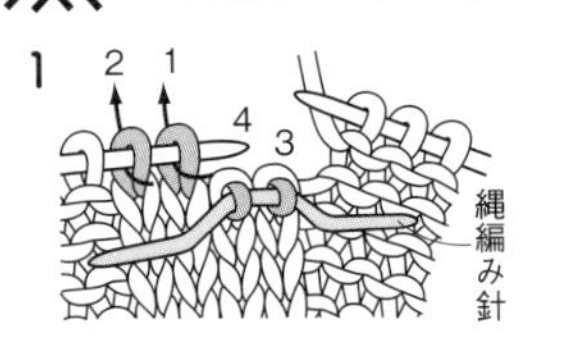

右の２目を縄編み針に移して手前に休め、１と２の目を表目で編みます

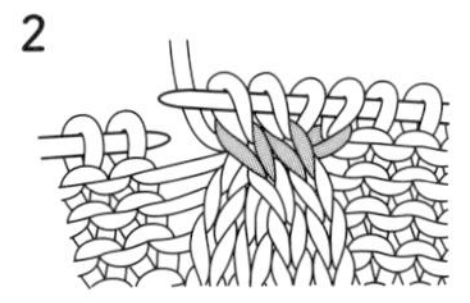

休めておいた２目を表目で編みます。目数が変わっても同じ要領で編みます

S スモックカラー p.22

S：幅15mm用

M：幅18mm用

L：幅35mm用

〈 糸 〉 DARUMA ダルシャンウール 並太
S―黄色（106）8g、グレー（113）4g
M―ミントグリーン（105）8g、グレー（113）6g
L―濃いピンク（111）17g、グレー（113）9g

〈 用具 〉 6号2本棒針

〈 その他 〉 首輪 S：幅15mm M：幅18mm L：幅35mm

〈 ゲージ 〉 模様編み（縞） 20目28段が10cm四方（スモック刺繍前）

〈 サイズ 〉 S・M：長さ14cm L：長さ20cm

〈 編み方 〉

糸は1本どりで、指定の配色で編みます。

指に糸をかける作り目で編み始めます。模様編み（縞）で編み、編終りは伏止めにします。指定の位置にスモック刺繍と刺繍をします。編始めと終りを外表にして、巻きかがりで合わせます。首輪に通します。

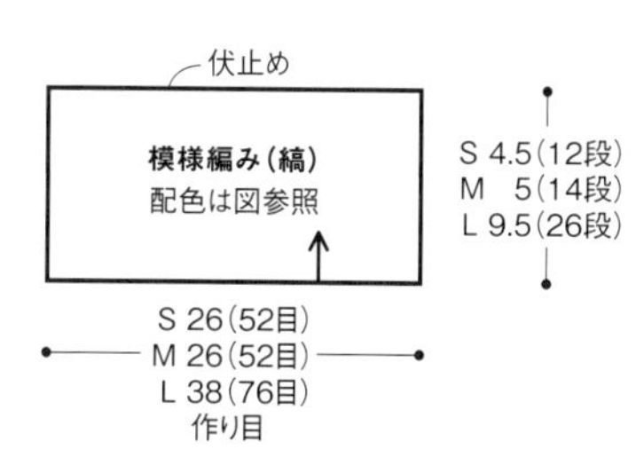

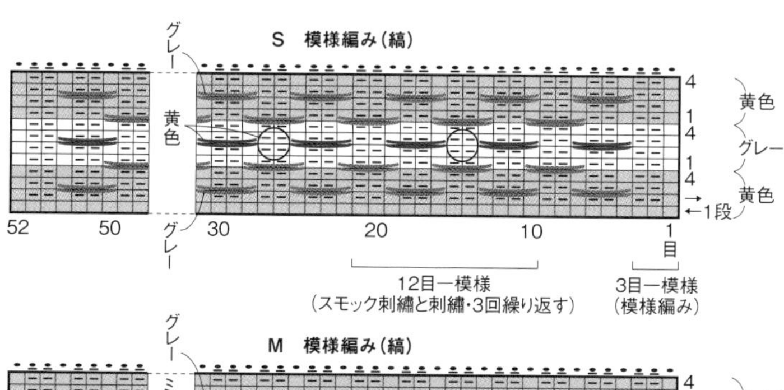

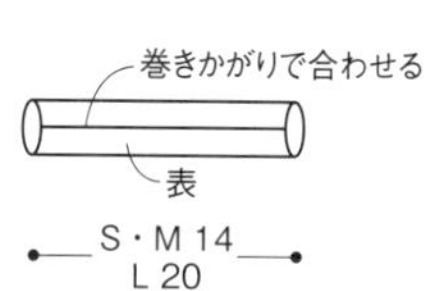

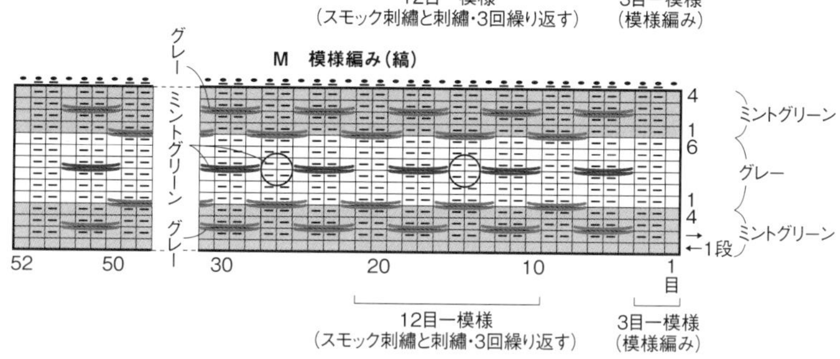

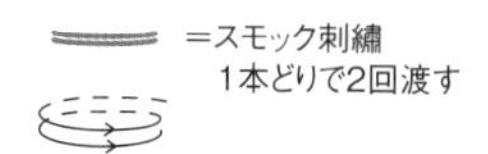
＝スモック刺繍
1本どりで2回渡す

◯＝刺繍位置

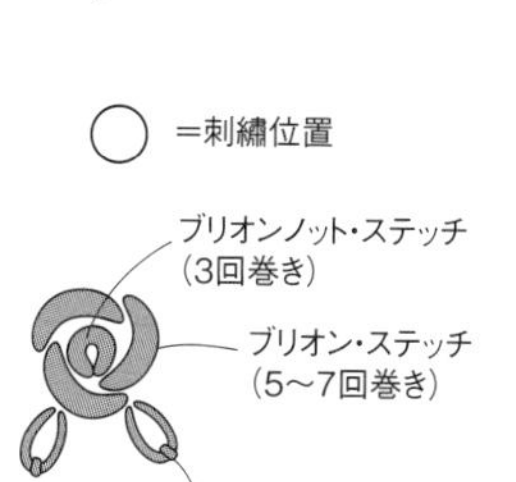

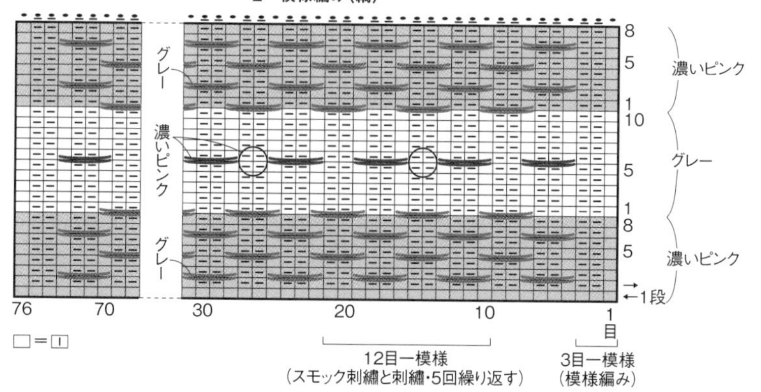

□＝|

ブリオンノット・ステッチ

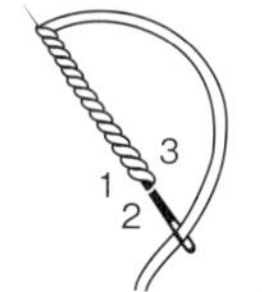

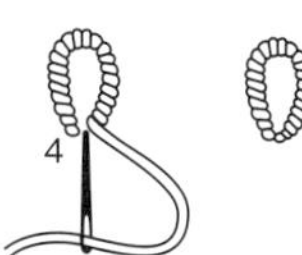

ブリオン・ステッチ

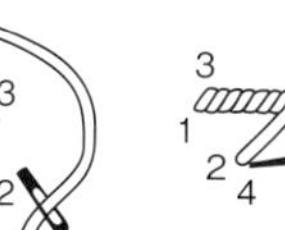

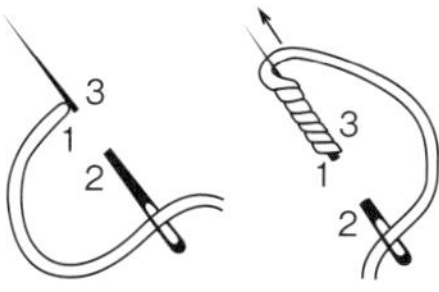

レゼーデージー・ステッチ

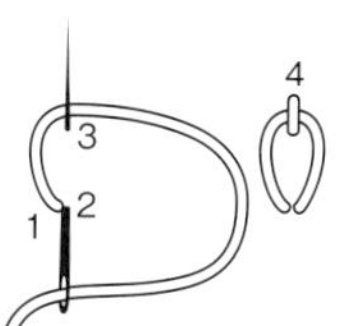

T 口輪 p.23

〈 糸 〉　ハマナカ ドリーナ　グレー(40) 35g
〈 用具 〉　6/0号、5/0号かぎ針
〈 その他 〉　プラスチックパーツ(YKK グレー)　バックル 25㎜ 1 組み、
アジャスター 25㎜ 1 個
〈 ゲージ 〉　細編み　14.5目 14.5段が 10㎝四方
〈 サイズ 〉　図参照
〈 編み方 〉
糸は、本体は 1 本どり、ベルトは割り糸(1 本抜く)で編みます。
本体は鎖編みの作り目をして編み始めます。1 段めの細編みは鎖半目と裏山を拾います。図のように減らしながら編みます。ベルトは糸をつけて、作り目の半目を拾って細編みで編みます。ベルトにバックルとアジャスターを通して、割り糸でかがります。

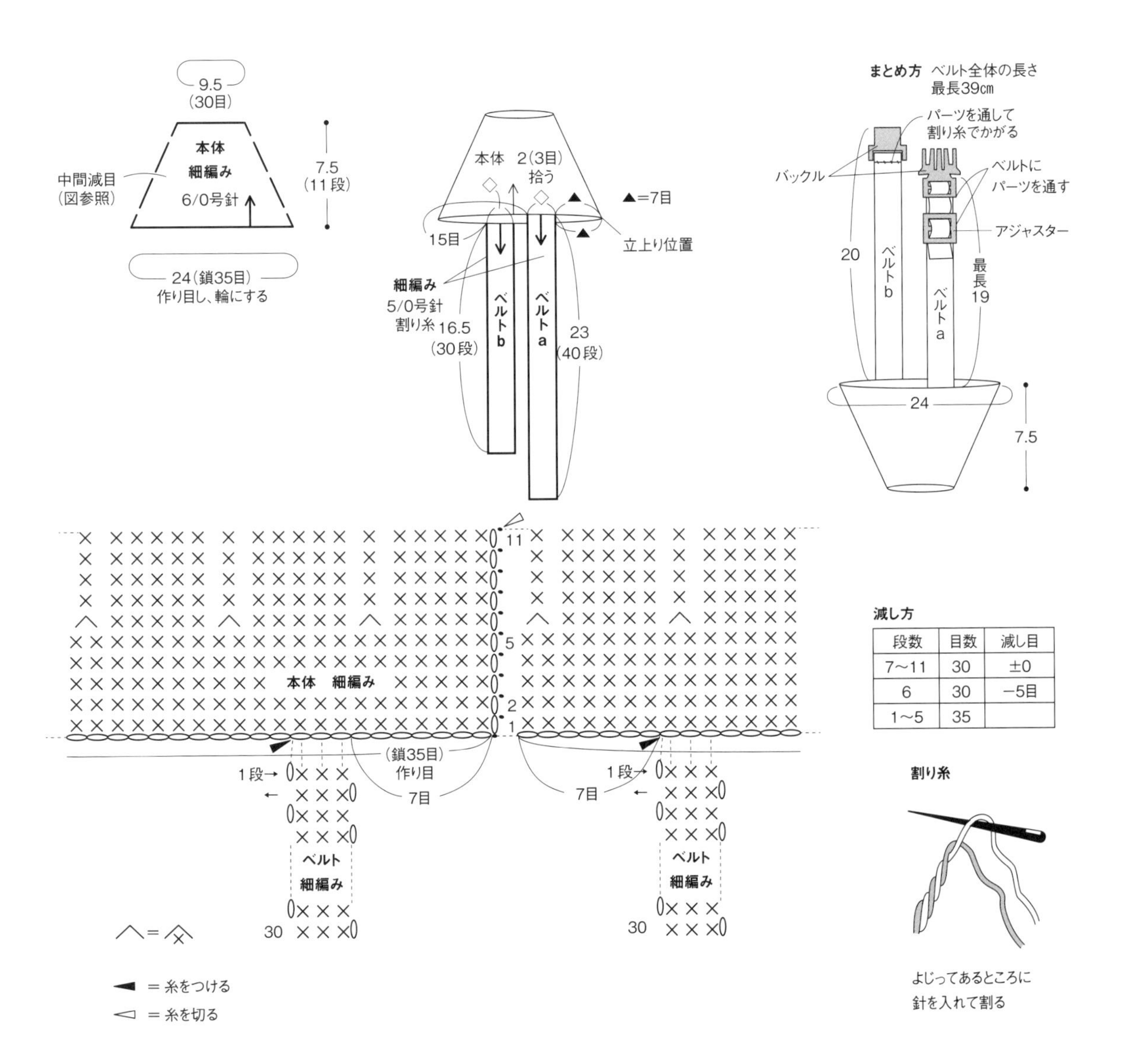

段数	目数	減し目
7〜11	30	±0
6	30	−5目
1〜5	35	

U クロッシェハウス p.24

〈 糸 〉 パピー プリンセスアニー
パウダーベージュ（521）125g、灰味紫（522）・オペラピンク（544）各18g、
ライムグリーン（536）・水色（557）各15g、ピンク（526）14g、
ミントグリーン（553）13g、シルバーグレー（546）・青（559）各10g、
ピンクベージュ（508）・モカ（529）・イエロー（551）各8g、
紫紺（556）5g、オレンジ（554）1g

〈 用具 〉 5/0号、7/0号かぎ針

〈 その他 〉 工作用ワイヤー（3.2mm幅）3.5m、安全キャップ（3.2mm幅用）4個

〈 モチーフの大きさ 〉 A～F・H 10×10cm　底 35×35cm

〈 サイズ 〉 幅35cm、奥行き35cm、高さ34cm

〈 編み方 〉

糸はひもは2本どり、ひも以外は1本どりで指定の配色で編みます。

側面のモチーフA～Iは、輪の作り目をして編み始めます。鎖編みから拾う長編みは、束（そく）に拾って編みます。モチーフJ～Lは鎖編みの作り目をして編み始めます。1段めは鎖半目と裏山を拾って編みます。反対側は鎖半目を拾います。底はモチーフAと同要領で編み、角で増しながら18段編みます。入り口は鎖編みの作り目をして、1段めはモチーフJと同要領に拾って、図のように増しながら編みます。モチーフA～Jをつなぎ、側面を3枚作ります。

ワイヤーを図のように組み立て、ワイヤーの先に安全キャップをつけます。安全カバーを4枚編み、図のようにワイヤーの底の角を包みます。

側面3枚と底を巻きかがりで合わせます。入り口と側面を合わせるときは、ワイヤーを一緒に巻きながらとめていきます。ワイヤーと側面を1辺2～3か所かがり、編み地とワイヤーをしっかり固定します。ひもをスレッドコードで編み、トップにつけます。

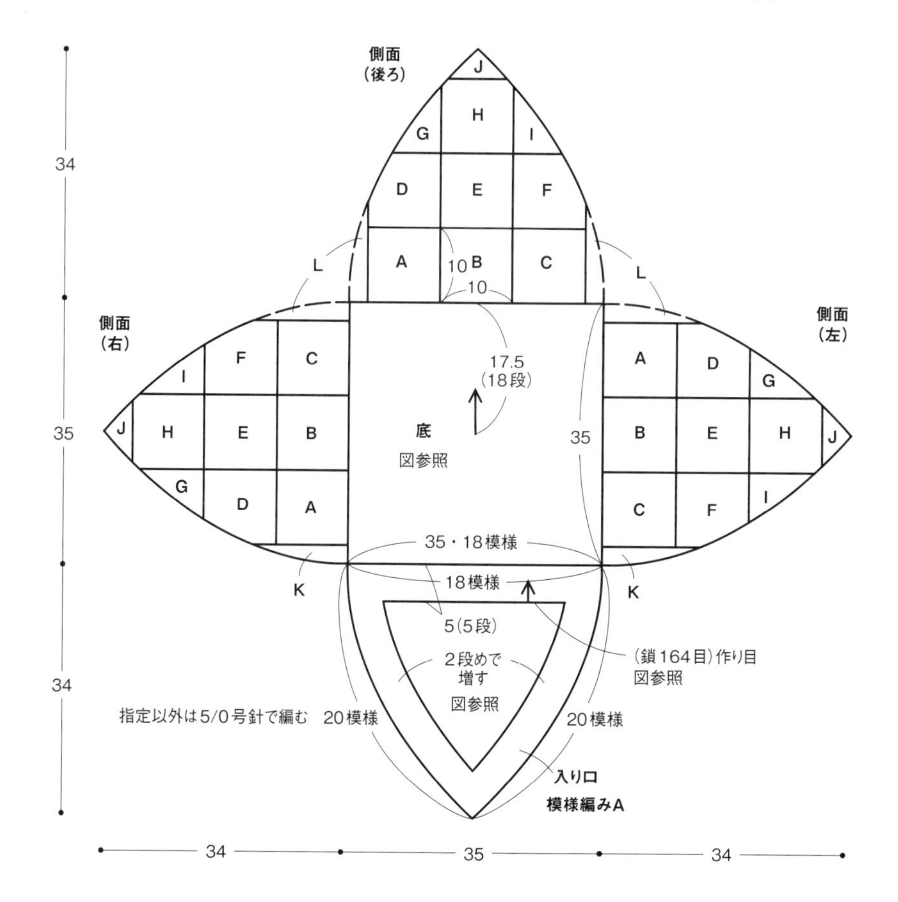

A·B·C·E　各3枚

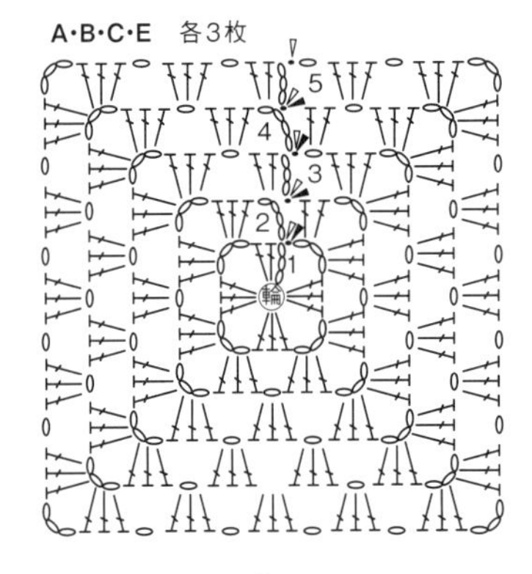

A

段	色
5段	パウダーベージュ
4段	オペラピンク
3段	シルバーグレー
2段	灰味紫
1段	オレンジ

B

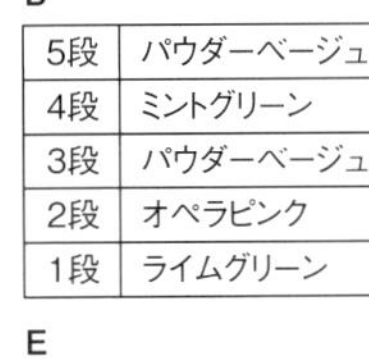

段	色
5段	パウダーベージュ
4段	ミントグリーン
3段	パウダーベージュ
2段	オペラピンク
1段	ライムグリーン

C

段	色
5段	パウダーベージュ
4段	イエロー
3段	オペラピンク
2段	水色
1段	パウダーベージュ

E

段	色
5段	パウダーベージュ
4段	ピンク
3段	灰味紫
2段	シルバーグレー
1段	モカ

H　3枚

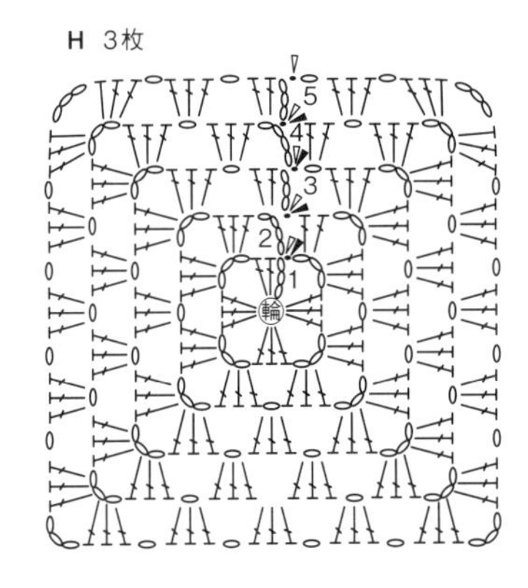

D　3枚

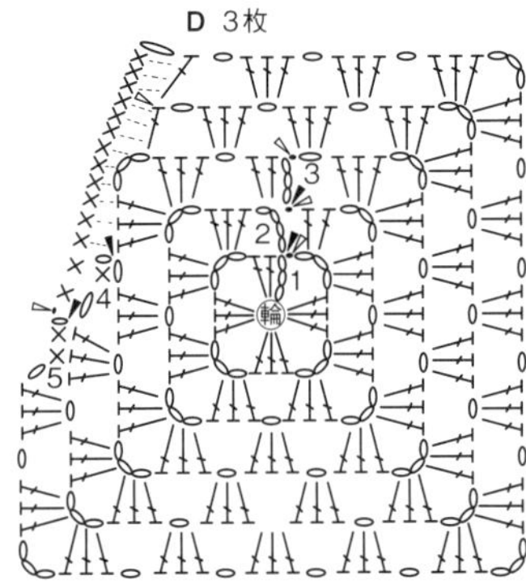

D

段	色
5段	パウダーベージュ
4段	青
3段	パウダーベージュ
2段	ライムグリーン
1段	ピンクベージュ

F

段	色
5段	パウダーベージュ
4段	水色
3段	青
2段	灰味紫
1段	ピンク

F　3枚

H

段	色
5段	パウダーベージュ
4段	紫紺
3段	ミントグリーン
2段	シルバーグレー
1段	青

G　3枚

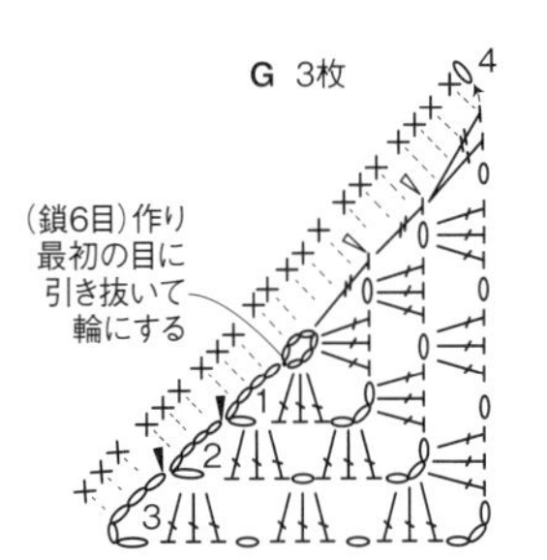

I　3枚

(鎖6目)作り
最初の目に
引き抜いて
輪にする

J　3枚

(鎖17目)作り目

J

段	色
4段	パウダーベージュ
3段	水色
2段	パウダーベージュ
1段	ライムグリーン

G

段	色
3·4段	パウダーベージュ
2段	ピンクベージュ
1段	ライムグリーン

I

段	色
3·4段	パウダーベージュ
2段	モカ
1段	ピンクベージュ

K　2枚　パウダーベージュ

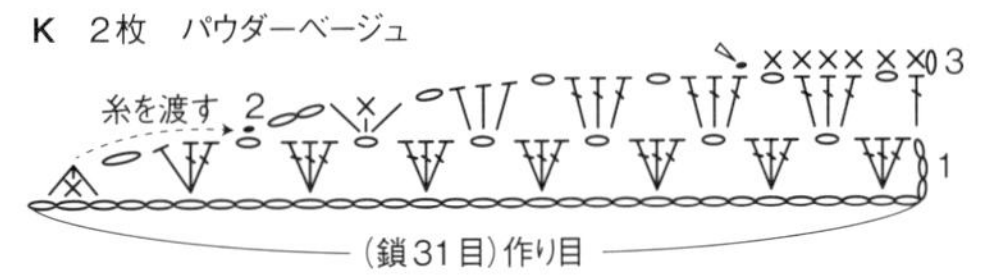

L　2枚　パウダーベージュ

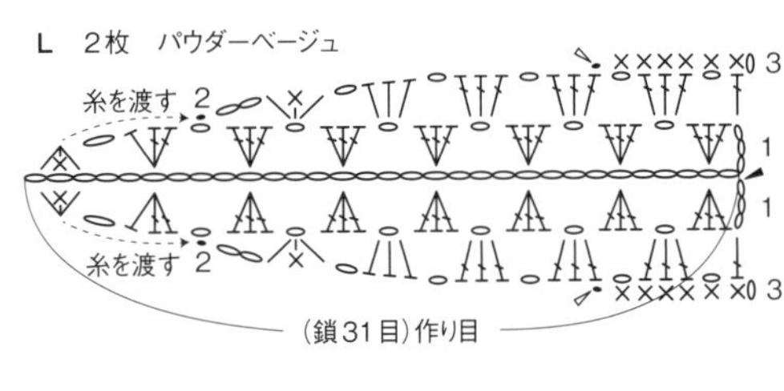

＝細編み3目編み入れる　＝糸をつける

＝細編み3目一度　＝糸を切る

底

底

段	色
9段	イエロー
8段	パウダーベージュ
7段	青
6段	パウダーベージュ
5段	灰味紫
4段	パウダーベージュ
3段	水色
2段	パウダーベージュ
1段	ライムグリーン

段	色
18段	パウダーベージュ
17段	ピンク
16段	パウダーベージュ
15段	ミントグリーン
14段	パウダーベージュ
13段	オペラピンク
12段	パウダーベージュ
11段	モカ
10段	パウダーベージュ

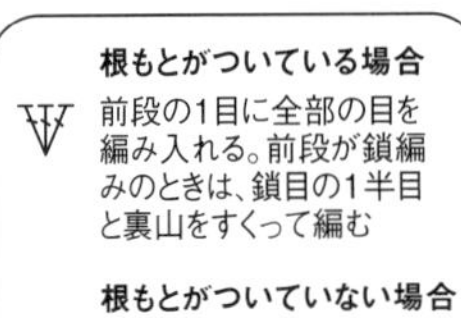

根もとがついている場合

前段の1目に全部の目を編み入れる。前段が鎖編みのときは、鎖目の1半目と裏山をすくって編む

根もとがついていない場合

前段が鎖編みのとき、一般的には鎖編みを全部すくって編む。束(そく)にすくうという

側面のつなぎ方

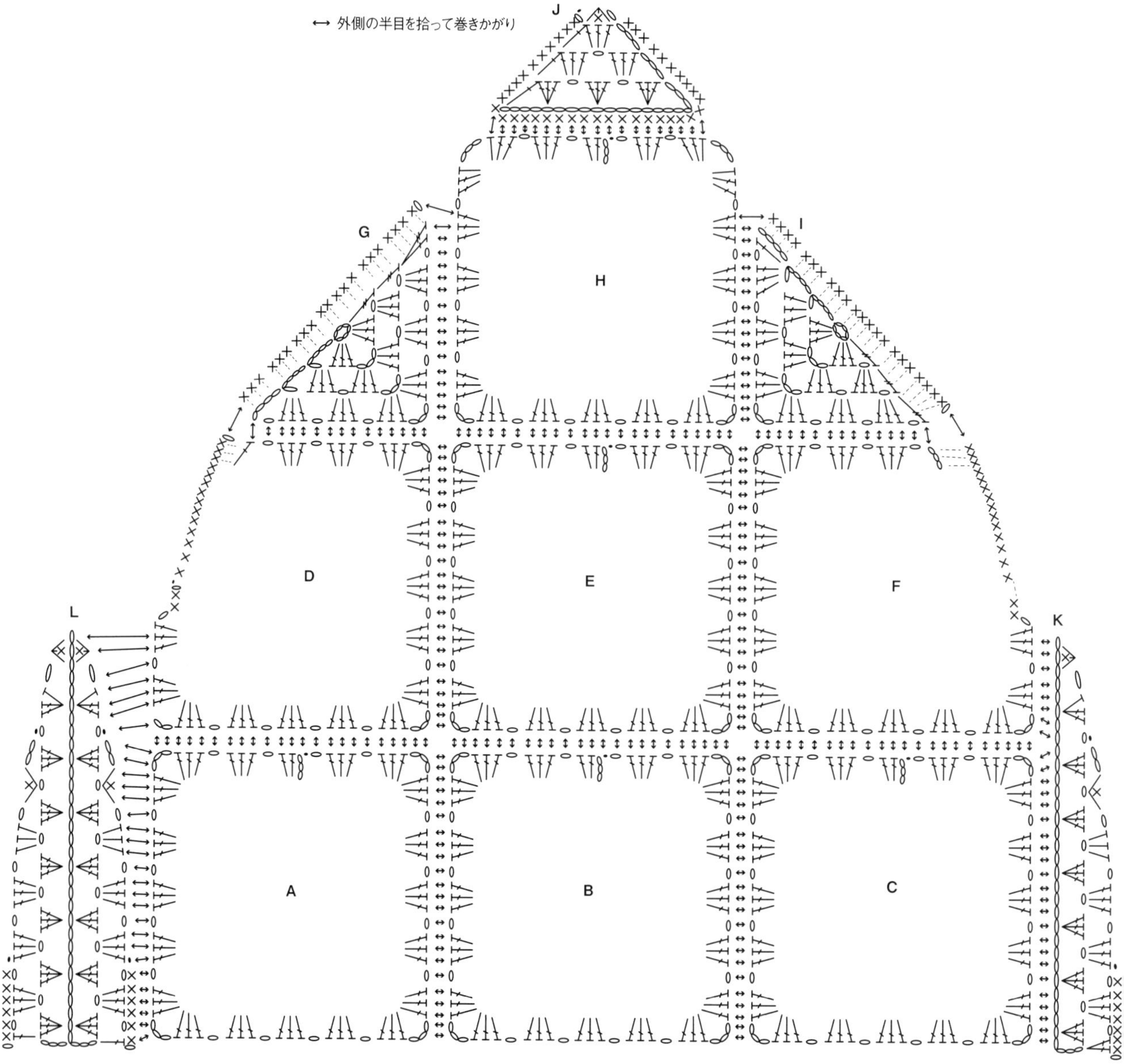

↔ 外側の半目を拾って巻きかがり

J

G

I

H

D

E

F

L

K

A

B

C

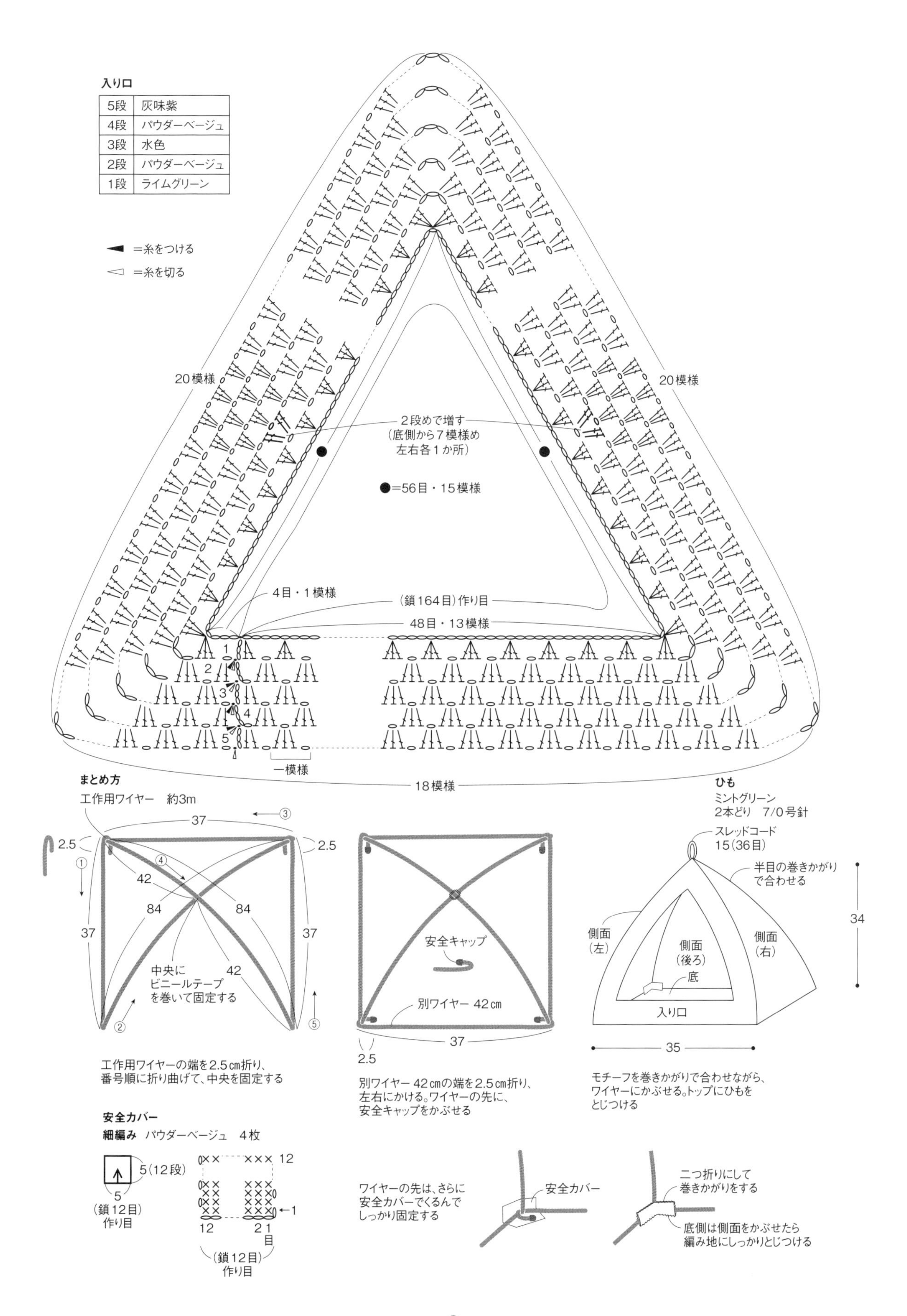

入り口
5段 灰味紫
4段 パウダーベージュ
3段 水色
2段 パウダーベージュ
1段 ライムグリーン
=糸をつける
=糸を切る
20模様
20模様
2段めで増す
(底側から7模様め
左右各1か所)
●=56目・15模様
4目・1模様
(鎖164目)作り目
48目・13模様
1
2
3
4
5
一模様
18模様
まとめ方
工作用ワイヤー 約3m
37
2.5
2.5
42
84
84
37
37
中央に
ビニールテープ
を巻いて固定する
42
工作用ワイヤーの端を2.5㎝折り、
番号順に折り曲げて、中央を固定する
安全キャップ
別ワイヤー 42㎝
37
2.5
別ワイヤー 42㎝の端を2.5㎝折り、
左右にかける。ワイヤーの先に、
安全キャップをかぶせる
ひも
ミントグリーン
2本どり 7/0号針
スレッドコード
15(36目)
半目の巻きかがり
で合わせる
34
側面
(左)
側面
(後ろ)
側面
(右)
底
入り口
35
モチーフを巻きかがりで合わせながら、
ワイヤーにかぶせる。トップにひもを
とじつける
安全カバー
細編み パウダーベージュ 4枚
5(12段)
5
(鎖12目)
作り目
12
1
12
2 1
目
(鎖12目)
作り目
ワイヤーの先は、さらに
安全カバーでくるんで
しっかり固定する
安全カバー
二つ折りにして
巻きかがりをする
底側は側面をかぶせたら
編み地にしっかりとじつける

W ペットマット p.26

〈 糸 〉　ハマナカ ソノモノふわっと　グレー(134) 1100g

〈 用具 〉　8ミリ、7ミリ2本棒針

〈 ゲージ 〉　ガーター編み　12目22段が10cm四方
模様編みA　9目が6.5cm、17.5段が10cm
模様編みB　28目が18cm、17.5段が10cm
模様編みC　10目が7cm、17.5段が10cm

〈 サイズ 〉　79.5×120.5cm

〈 編み方 〉

糸は1本どりで編みます。

7ミリ針で指に糸をかける作り目をして編み始め、ガーター編みで10段編みます。8ミリ針に替え、図のように1段めで増しながら、ガーター編みと模様編みA～Cで増減なく編みます。7ミリ針に替え、ガーター編みの1段めで減し目をして9段編みます。編終りは裏から伏止めにします。

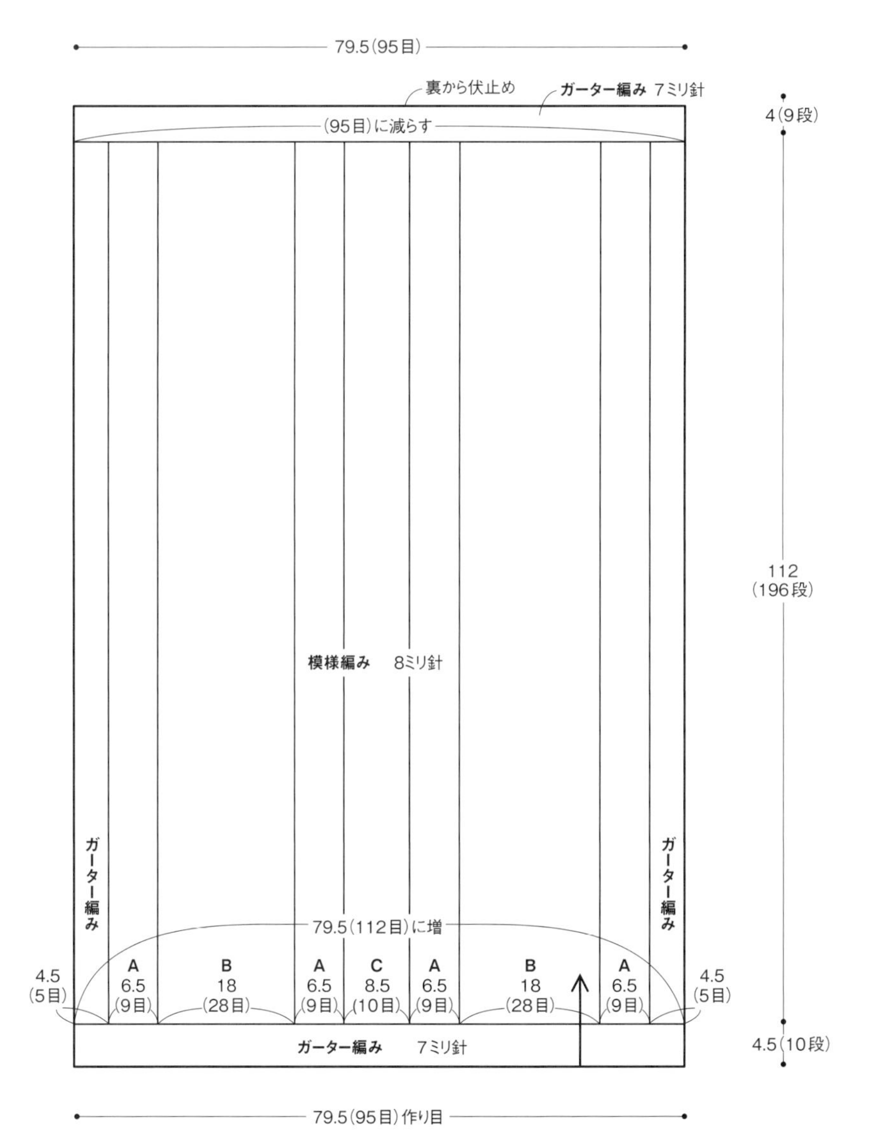

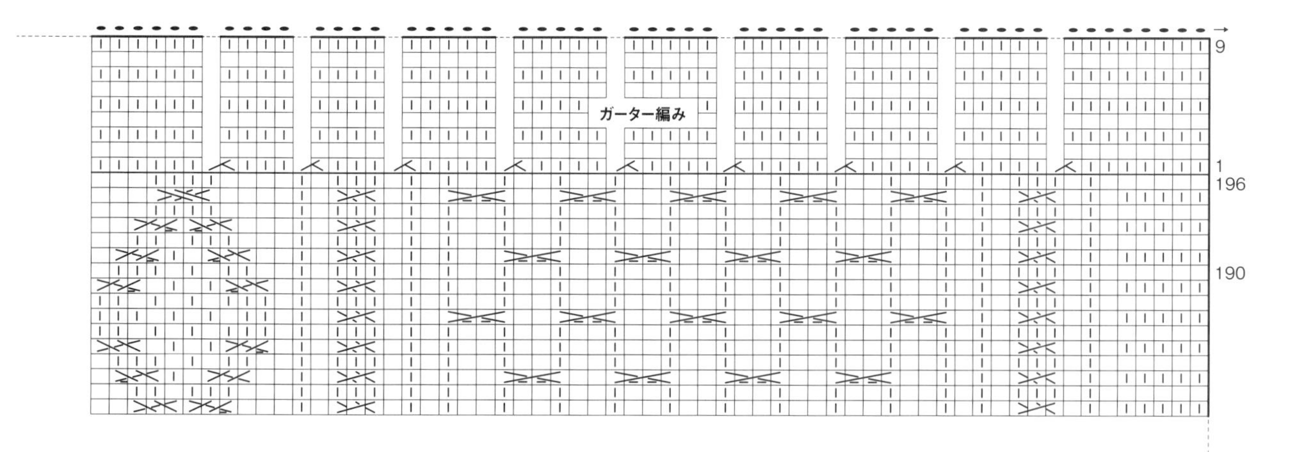

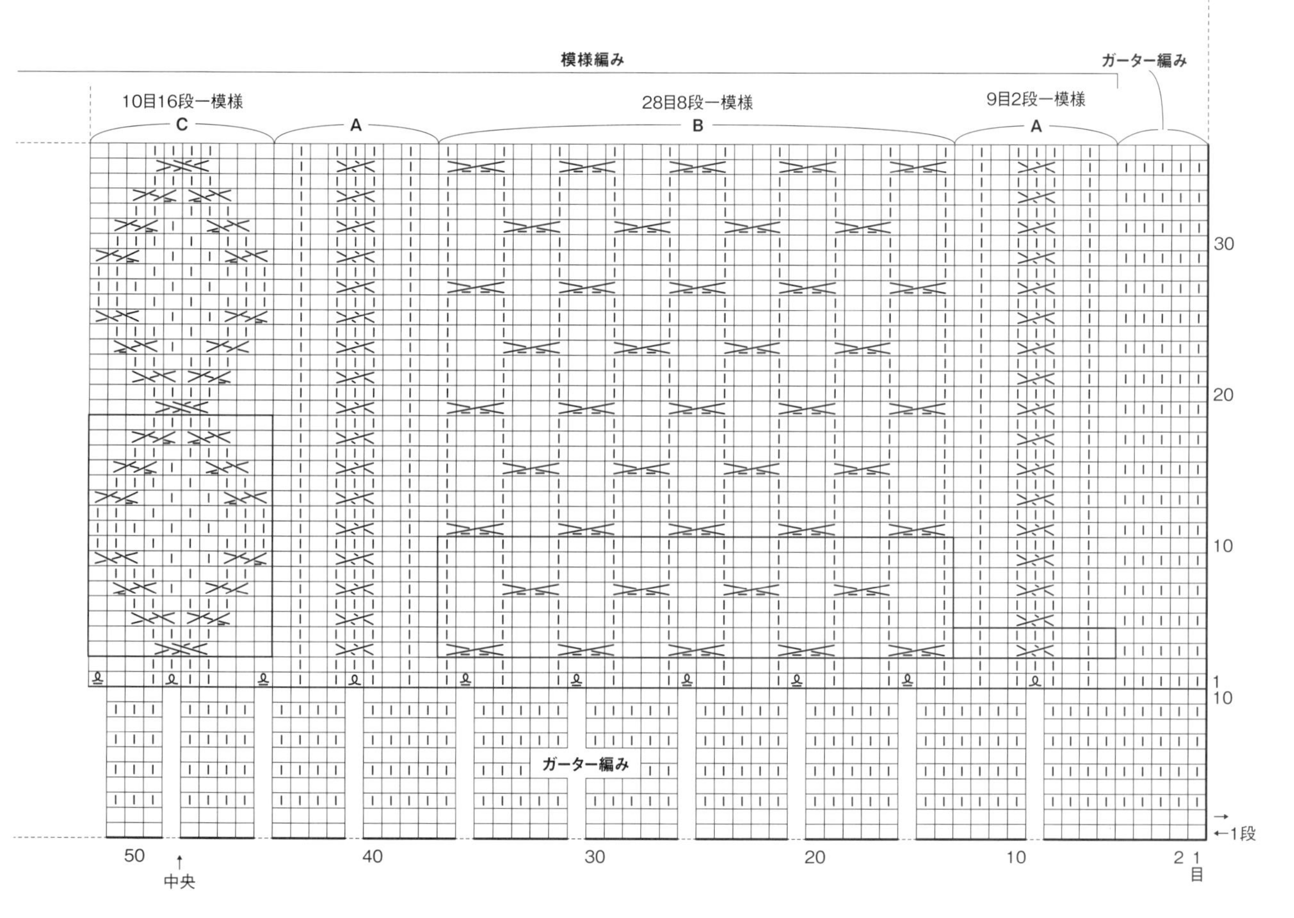

□＝□

= 左上1目交差(間に裏目2目)

4 3 2 1

1の目と2･3の目をそれぞれ別針に移して、編み地の向う側に休める。
4の目を表目で編む。1の目の向う側に休めておいた2･3の目を裏目で編む。
1の目を表目で編む

Y カフェマット／スリーピングバッグ

〈 糸 〉　ハマナカ ソノモノふわっと　グレー（134）640g

〈 用具 〉　8ミリ、7ミリ2本棒針

〈 ゲージ 〉　ガーター編み　12目22段が10cm四方
模様編みA　9目が6.5cm、17.5段が10cm
模様編みB　10目が8.5cm、17.5段が10cm
模様編みC　10目が7cm、17.5段が10cm

〈 サイズ 〉　幅52cm、長さ62cm

〈 編み方 〉

糸は1本どりで編みます。

7ミリ針で指に糸をかける作り目をして編み始め、ガーター編みで10段編みます。8ミリ針に替え、図のように1段めで増しながら、裏メリヤス編みと模様編みA～Cを配置して増減なく編みます。7ミリ針に替え、ガーター編みの1段めで減し目をして10段編みます。両端で減し目をし、さらに22段編みます。編終りは伏止めにします。外表に二つ折りにして、合い印どうしを合わせて両脇をすくいとじにします。

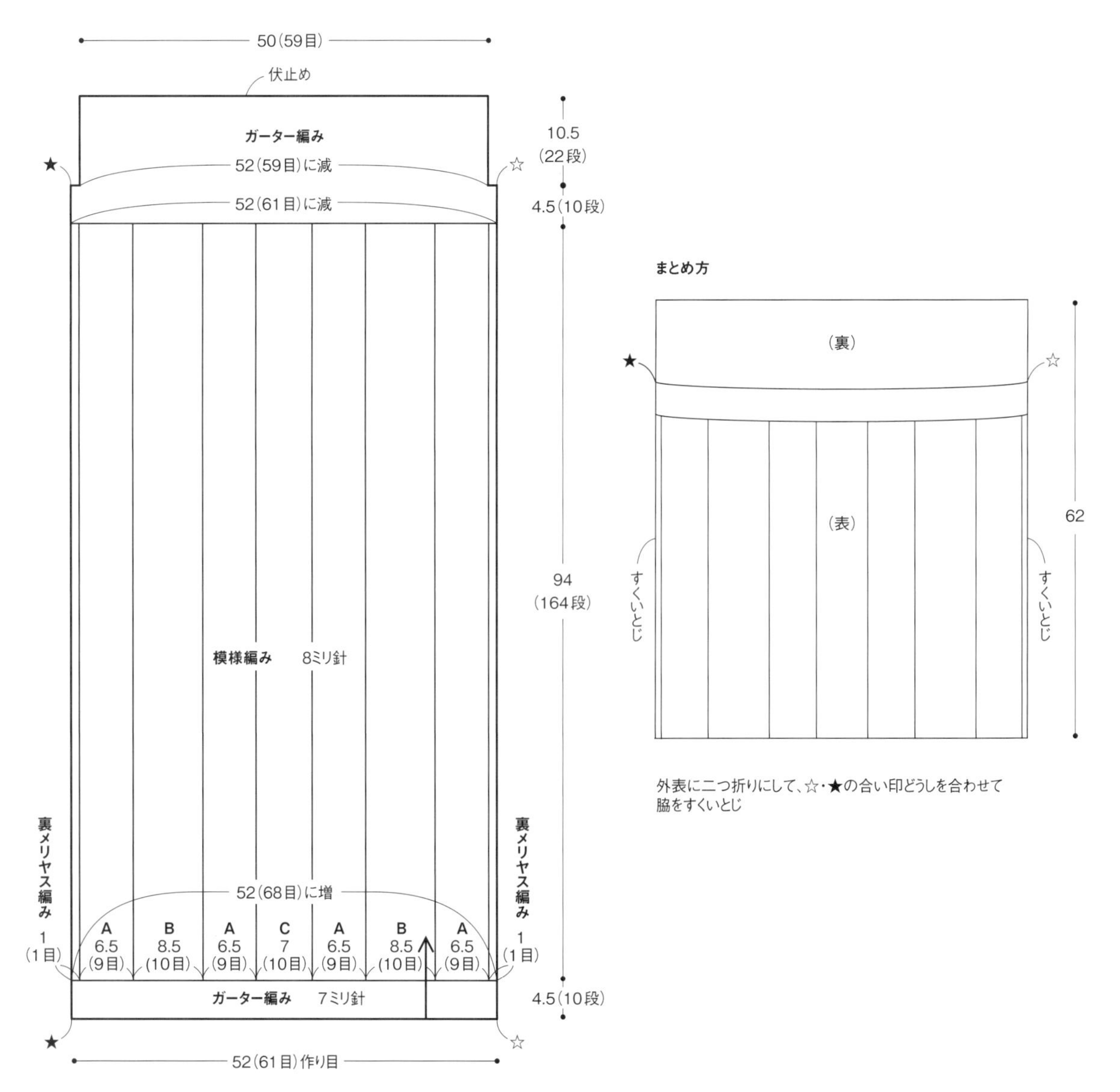

外表に二つ折りにして、☆・★の合い印どうしを合わせて
脇をすくいとじ

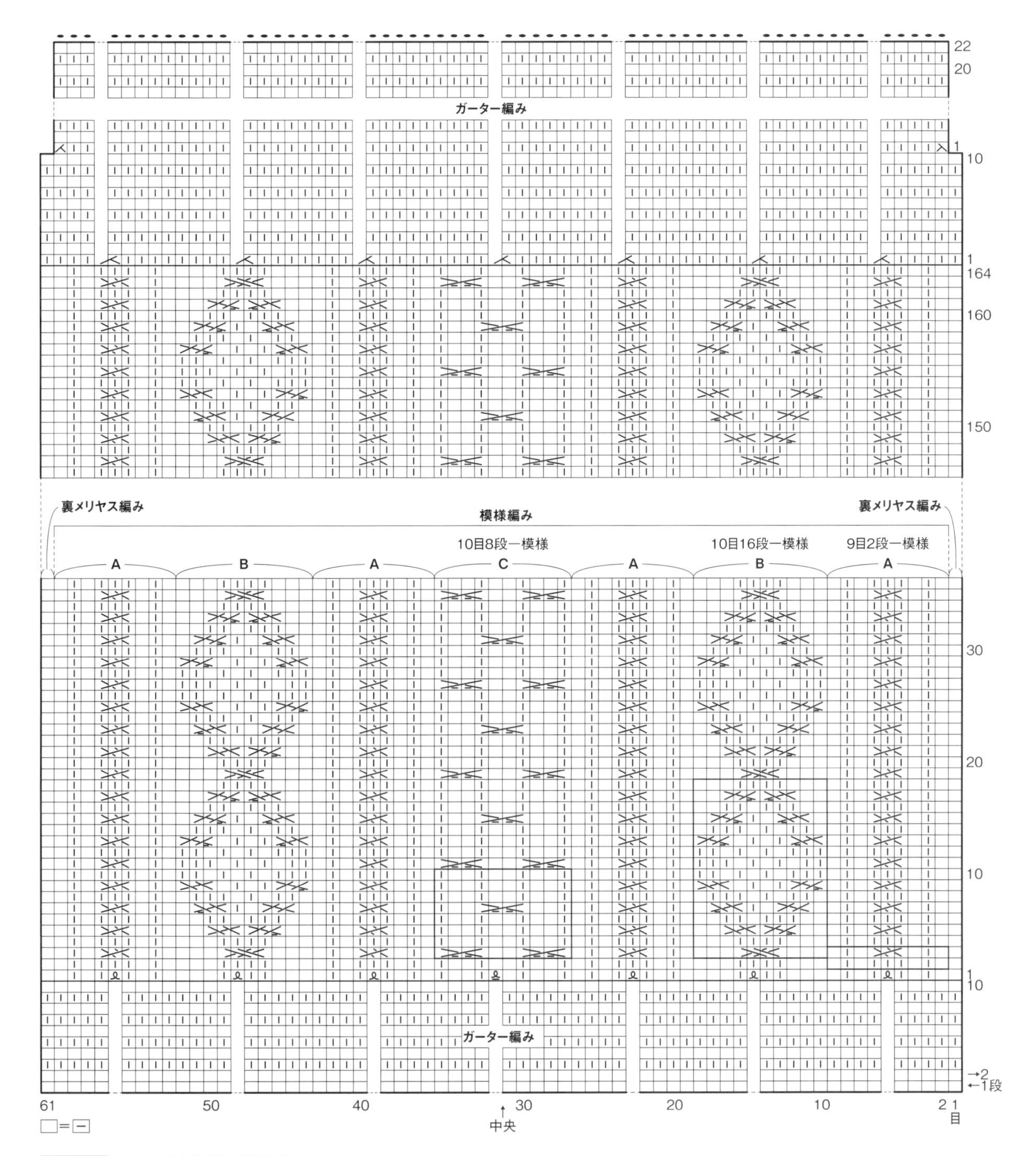

= 左上1目交差(間に裏目2目)
4 3 2 1
1の目と2·3の目をそれぞれ別針に移して、編み地の向う側に休める。
4の目を表目で編む。1の目の向う側に休めておいた2·3の目を裏目で編む。
1の目を表目で編む

Z スリングバッグ

p.29

〈 糸 〉 パピー ブリティッシュエロイカ ブルーグレー(178) 340g
〈 用具 〉 8/0号かぎ針
〈 その他 〉 ナスカン 幅12mm 1個
〈 ゲージ 〉 模様編み 18目20段が10cm四方
〈 サイズ 〉 幅37cm、深さ28cm
〈 編み方 〉
糸は1本どりで編みます。
鎖編みの作り目をして編み始めます。後ろは、両端で図のように増しながら編みます。続けて右側のひもを編みますが、図のように減らしながら編みます。前は、後ろと同要領で編みます。もう一方のひもは、糸をつけて編みます。編み地の裏を表に使用するため、前・後ろを中表に合わせて、端1目内側をすくいとじで、あき止りまで合わせます。底は1目ずつすくいます。前後のひもの合い印どうしを、巻きかがりで合わせます。入れ口とひもの縁に、細編みを1段編みます。ストラップを編み、ナスカンをつけて側面の内側にとじつけます。
※ストラップは犬の首輪につけて使用します。

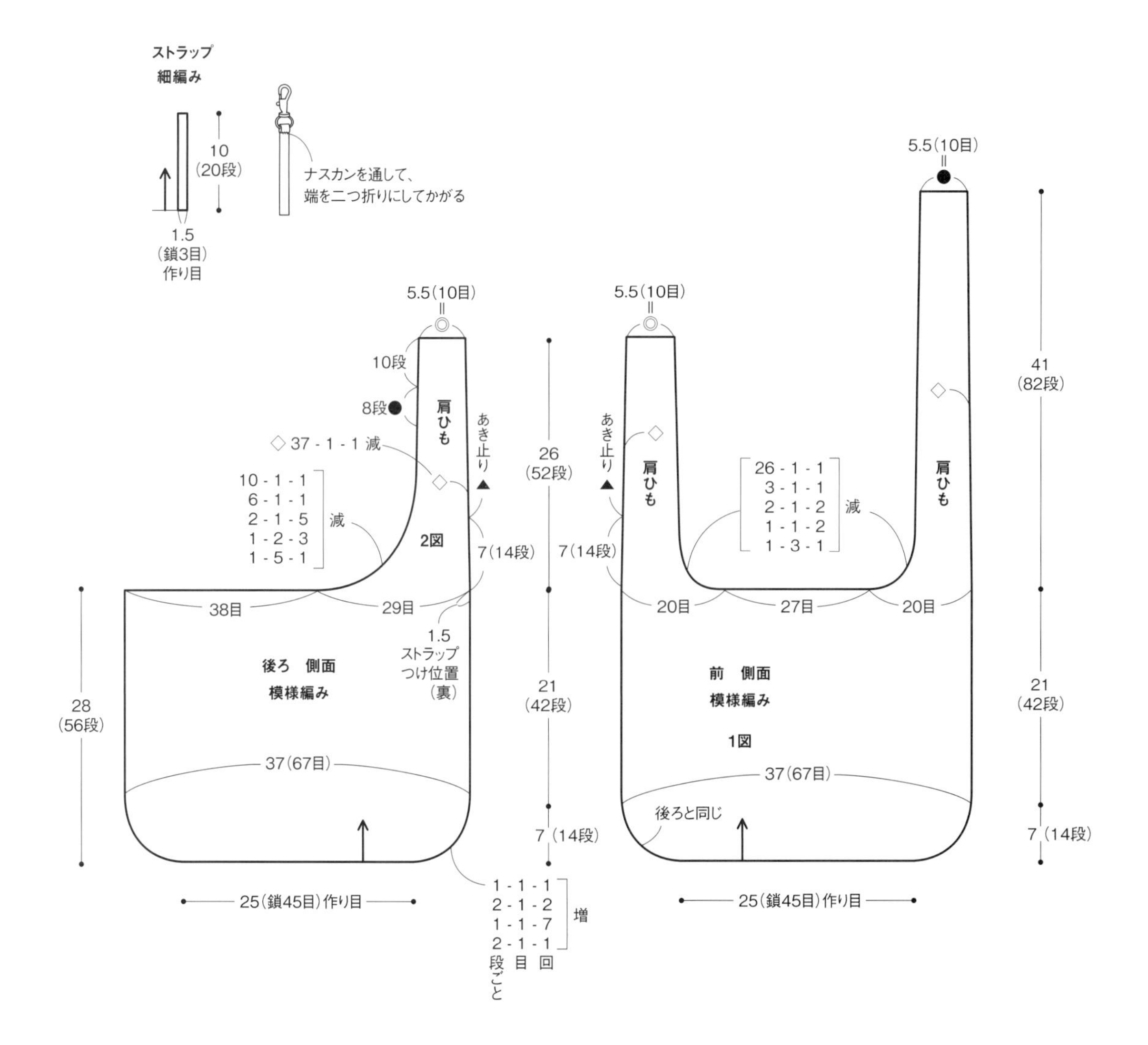

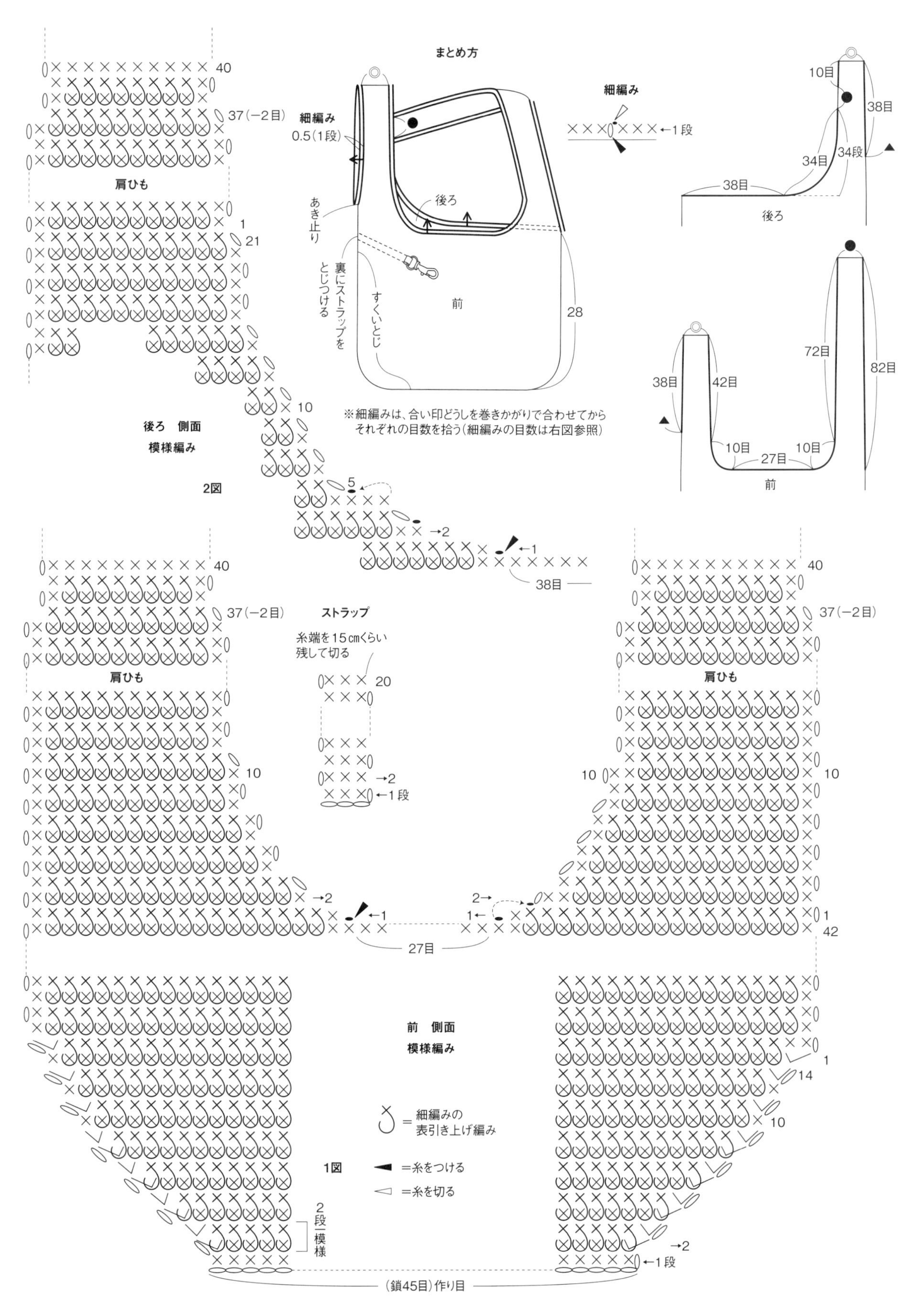

※編み地の裏を表に使用するため、記号図は裏から見た図になります

X オーバルベッド p.27

〈 糸 〉　ハマナカ ジャンボニー　ブルー(34) 512g(中に詰める糸を含む)
〈 用具 〉　8ミリかぎ針
〈 ゲージ 〉　細編み　8目8.5段が10cm四方
〈 サイズ 〉　50×39cm
〈 編み方 〉
糸は1本どりで編みます。
鎖編みの作り目をして、底から編み始めます。1段めの細編みは鎖半目と裏山を拾います。反対側は鎖半目を拾います。図のように増しながら編みます。続けて側面を編みますが、底を返して裏側を見ながら編みます。1段めは前段の細編みの手前側の半目を拾って編みます。2段めから細編みを増減なく12段まで編みます。側面を外表に折り、1段めで残した半目を拾って引抜き編みをします。途中で側面の中に糸を詰めながら1周編みます。

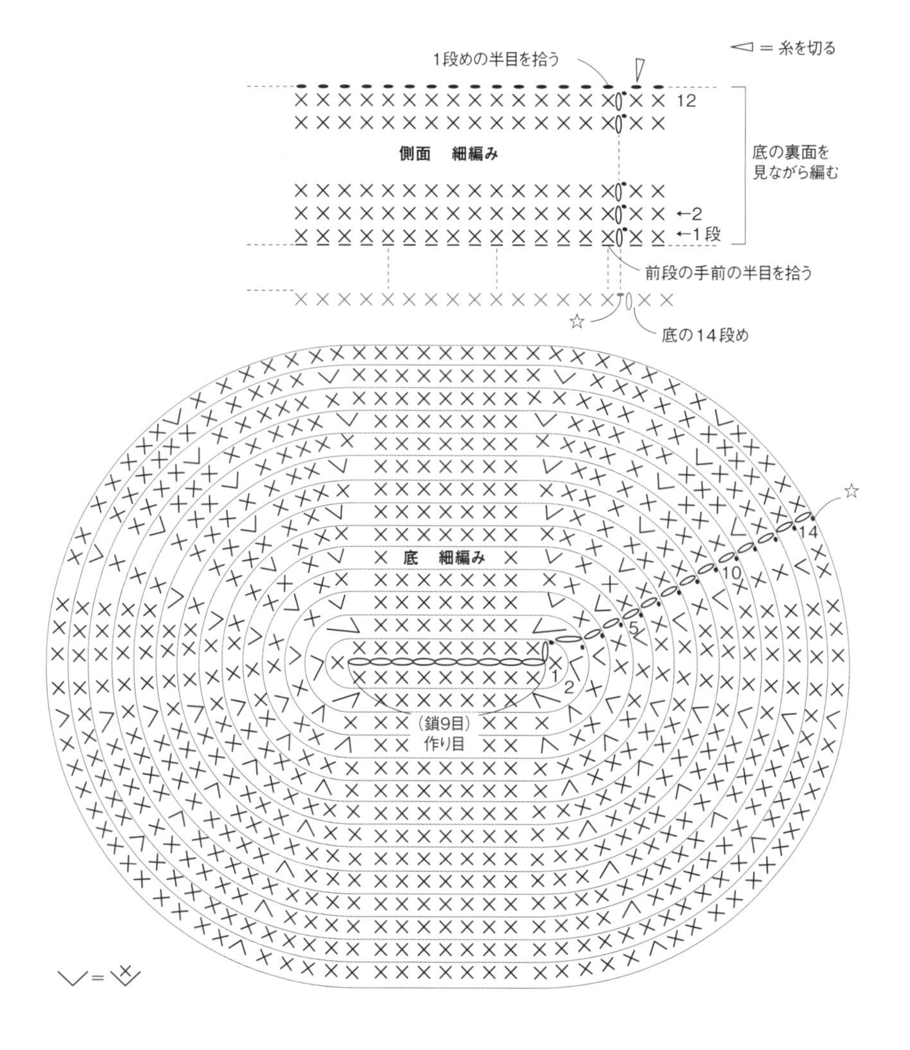

底の増し方

段数	目数	増し目
14	98	+6目
13	92	+6目
12	86	+6目
11	80	+6目
10	74	+6目
9	68	+6目
8	62	+6目
7	56	+6目
6	50	+6目
5	44	+6目
4	38	+6目
3	32	+6目
2	26	+6目
1	20	

122(98目)

側面　細編み

底の裏面を見ながら編む

14
(12段)

16.5(14段)

11(鎖9目)
作り目

底
細編み

分散増し目
(図参照)

33

44

まとめ方　側面を外表に折り、
1段めの半目を拾って引抜きはぎ。
途中で中に毛糸を詰めながら、1周はぎ合わせる

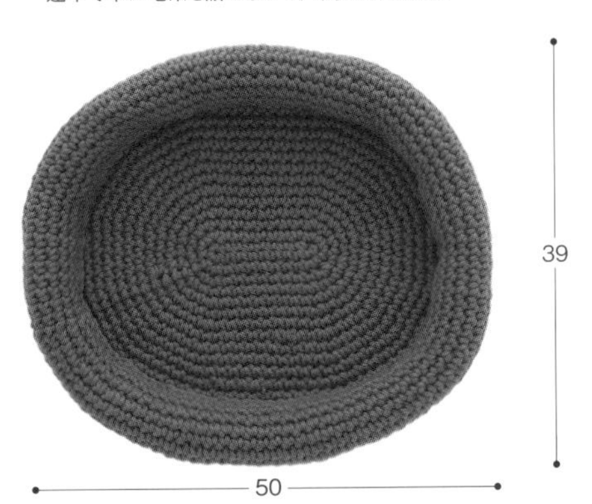

V ドッグトイ p.25

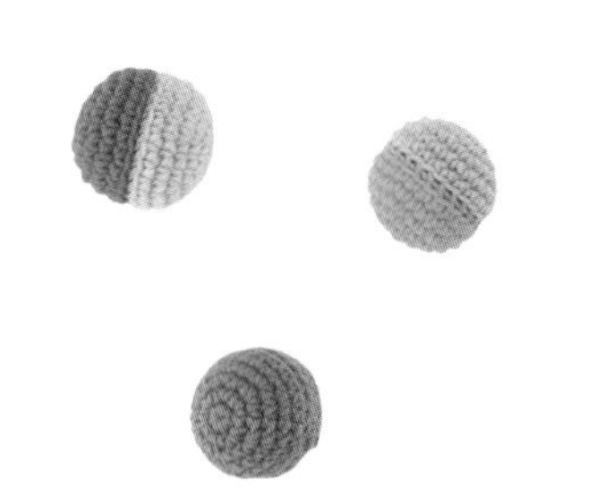

〈 糸 〉　糸 ハマナカ ドリーナ(中に詰める糸を含む)
①ターコイズ(4)、ピンク(52) 各 8g
②オレンジ(7)、サックス(56) 各 8g
③グリーン(10)、オリーブ(26) 各 8g

〈 用具 〉　6/0号かぎ針

〈 その他 〉　直径 5cmの音が出るボール 各 1 個

〈 サイズ 〉　直径 6cm

〈 編み方 〉

糸は 1 本どりで編みます。

輪の作り目をして編み始めます。細編みで増しながら 6 段編みます。指定の配色で各 1 枚編みます。どちらかの編終りの糸を 40cmくらい残しておきます。中にボールを入れ、最終段の目をすくって、巻きかがりで合わせます。

配色

	①	②	③
a色	ターコイズ	オレンジ	グリーン
b色	ピンク	サックス	オリーブ

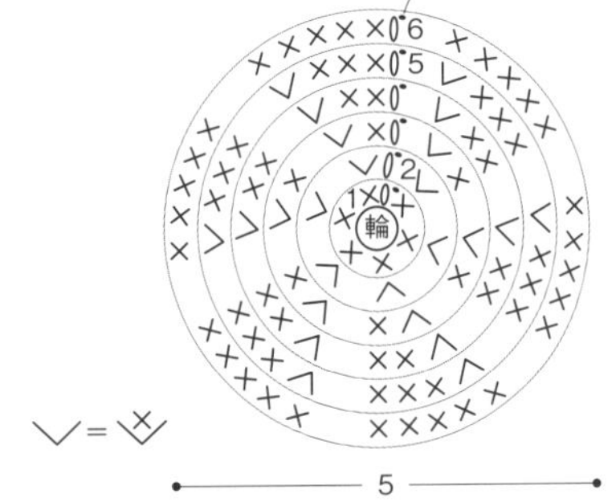

増し方

段数	目数	増し目
6	30	±0
5	30	+6目
4	24	+6目
3	18	+6目
2	12	+6目
1	6	

まとめ方

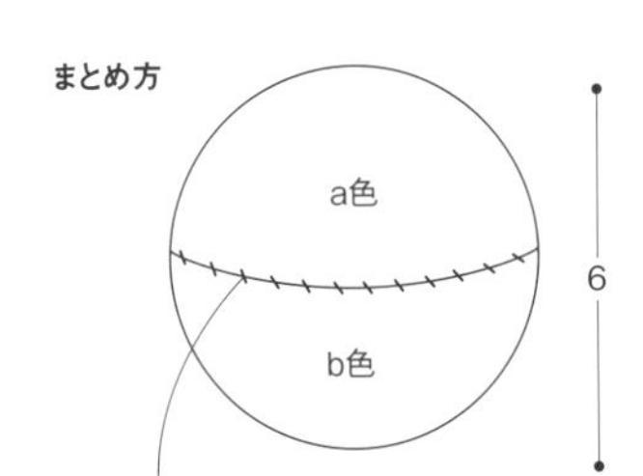

直径5cmの音の出るボールを入れて
残しておいた糸で、2枚を巻きかがりで合わせる

V ドッグトイ p.25

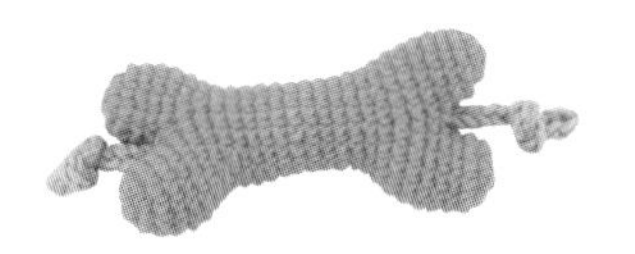

〈 糸 〉　ハマナカ ドリーナ（中に詰める糸を含む）
①ターコイズ（4）46g、ピンク（52）各 7g
②オレンジ（7）46g、サックス（56）各 7g
③グリーン（10）46g、オリーブ（26）各 7g

〈 用具 〉　6/0号かぎ針

〈 ゲージ 〉　細編み　14目 16.5段が 10cm四方

〈 サイズ 〉　幅 8cm、長さ 16.5cm（ひもは除く）

〈 編み方 〉

糸は本体は 1 本どり、ひもは 2 本どりで、指定の配色で編みます。

輪の作り目をして編み始めます。細編みで増しながら 4 段編みます。同じものを 2 枚編み、片方の編終りの糸を切ります。5 段めは 2 枚を続けて拾います。中に糸を詰めながら編み進みます。図のように増減しながら 23 段編みます。24 段めから、12 目ずつに分けて編みます。27 段めで半分の目に減らし、糸端 20cmくらい残して切ります。最終段の頭に糸を通して絞ります。ひもを編み、本体に通します。

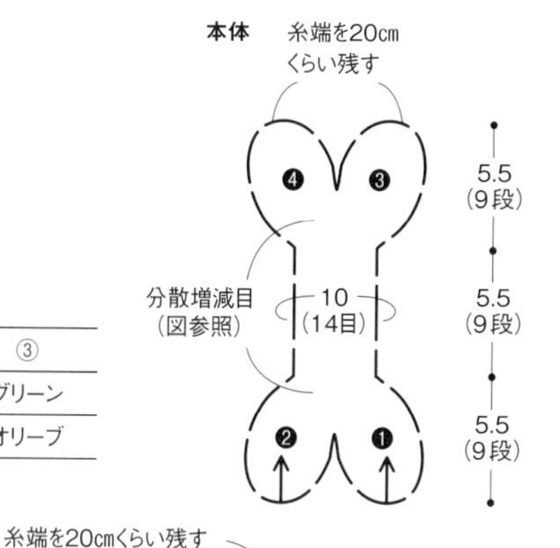

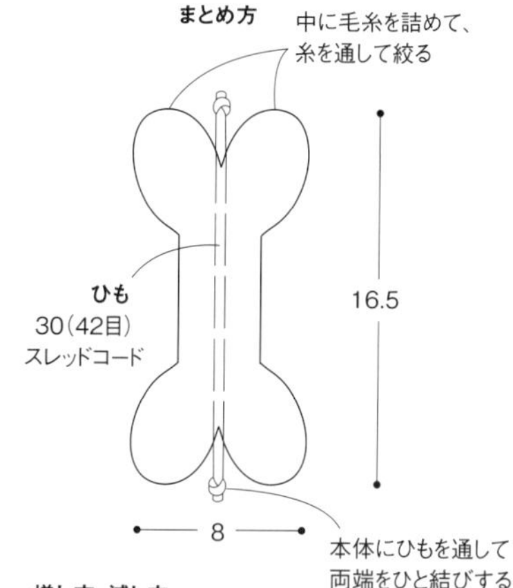

配色	①	②	③
本体	ターコイズ	オレンジ	グリーン
ひも	ピンク	サックス	オリーブ

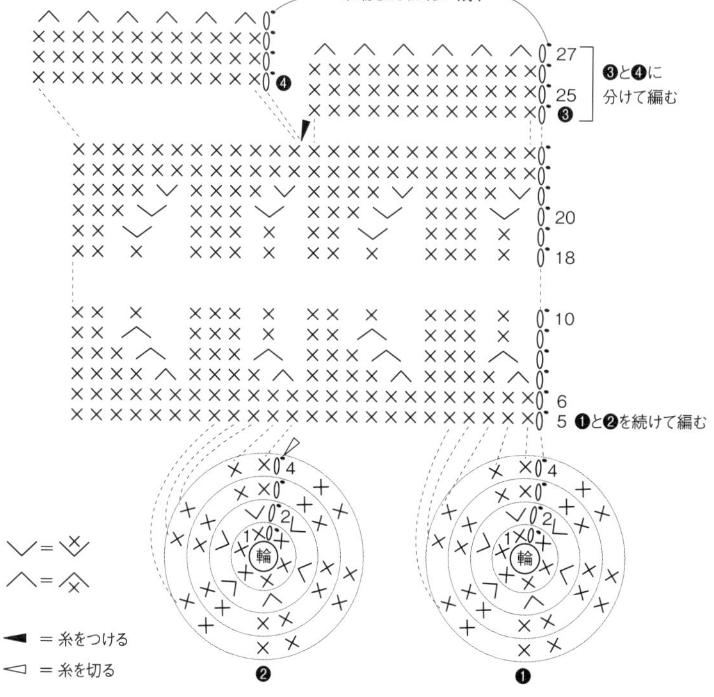

増し方、減し方

段数	目数	増減	
27	6	−6目	
26	12	±0	
25	12	±0	
24	12		❸と❹に分けて編む
23	24	±0	
22	24	±0	
21	24	+4目	
20	20	+4目	
19	16	+2目	
10〜18	14	±0	
9	14	−2目	
8	16	−4目	
7	20	−4目	
6	24	±0	
5	24		❶と❷を続けて編む
4	12	±0	❶・❷各1枚
3	12	±0	
2	12	+6目	
1	6		

手編みの基礎　棒針編み

〔 指に糸をかけて目を作る方法 〕

1

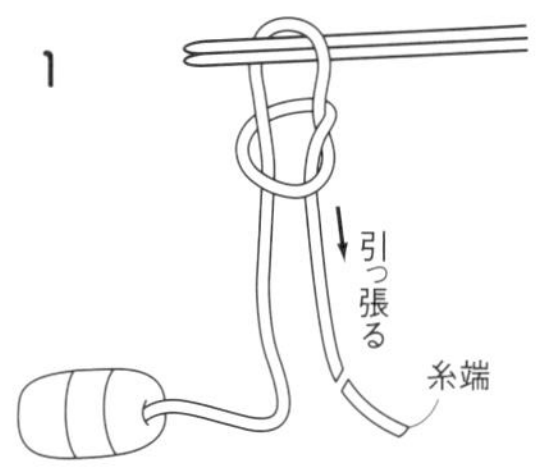

糸端から編み幅の約３倍の長さのところで輪を作り、棒針をそろえて輪の中に通します

2

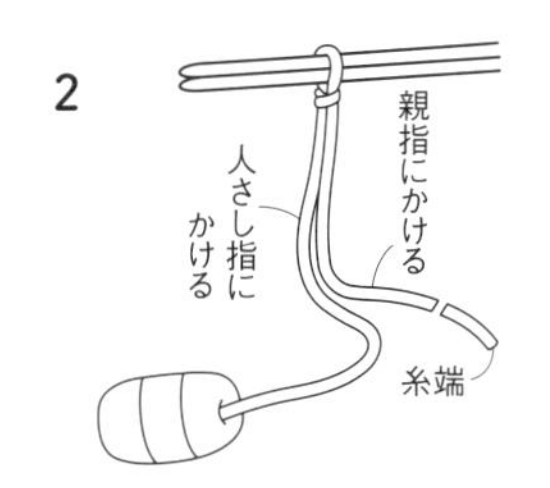

輪を引き締めます。１目の出来上り

3

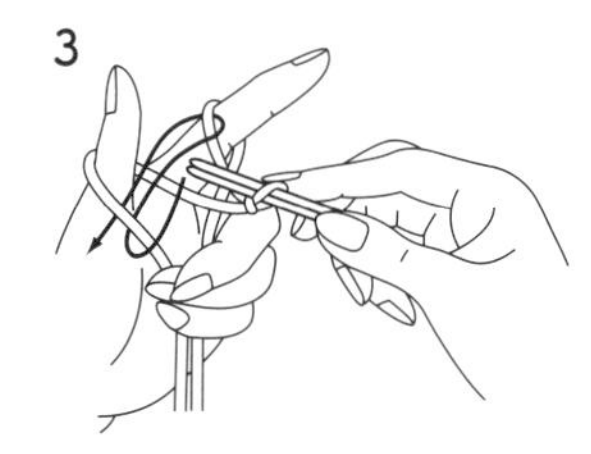

短いほうを左手の親指に、糸玉のほうを人さし指にかけ、右手は輪のところを押さえながら棒針を持ちます。親指にかかっている糸を図のようにすくいます

4

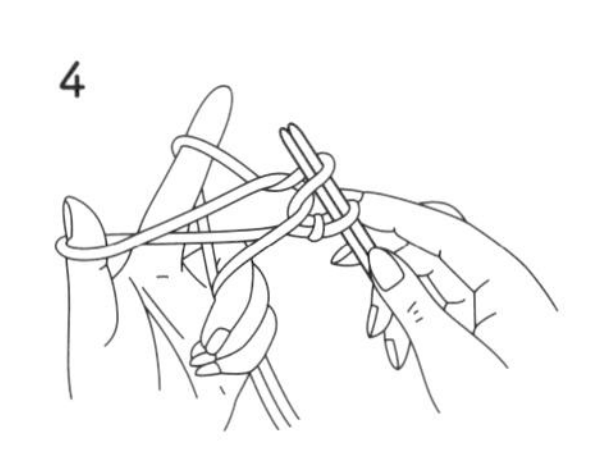

すくい終わったところ

5

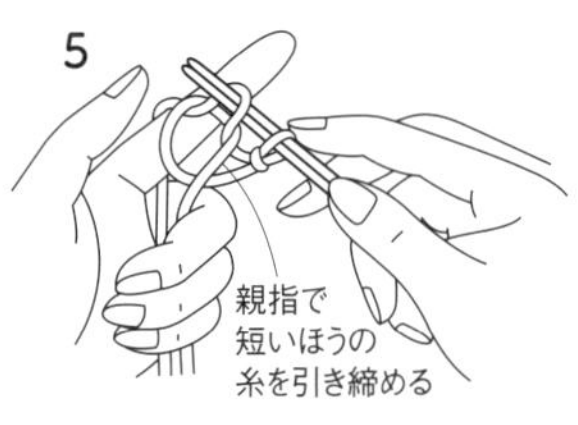

親指にかかっている糸をはずし、その下側をかけ直しながら結び目を締めます

6

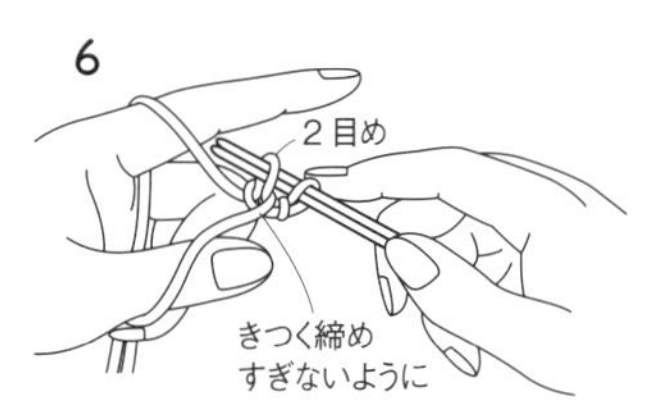

親指と人さし指を最初の形にします。
３～６を繰り返します

7

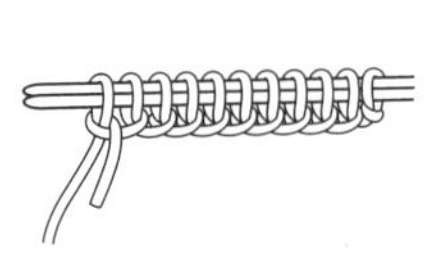

必要目数を作ります（１段め）

8

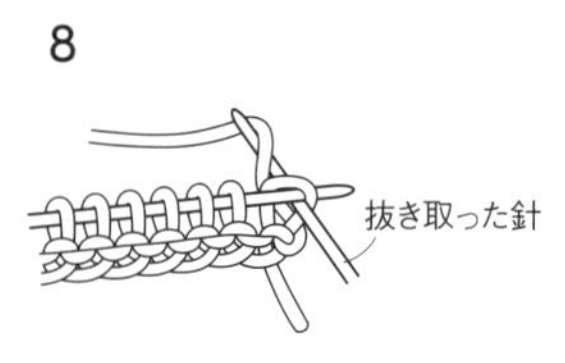

２本の棒針の１本を抜き、糸のある側から２段めを編みます

〔 別糸を使って作る方法 〕

1

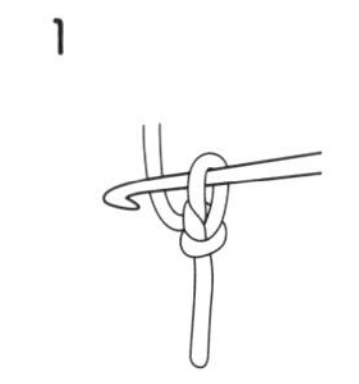

編み糸に近い太さの木綿糸で、鎖編みをします

2

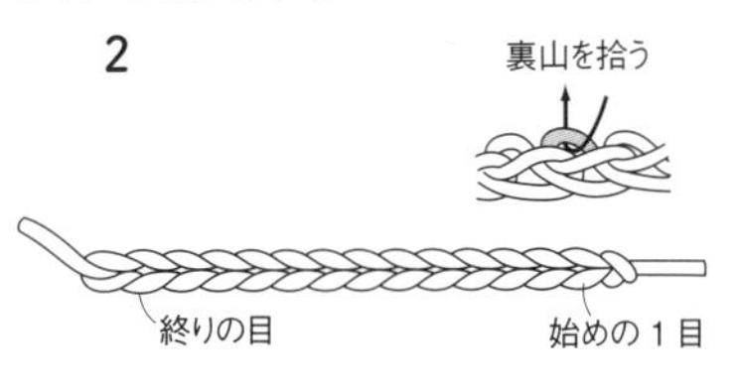

ゆるい目で必要目数の２、３目多く編みます

3

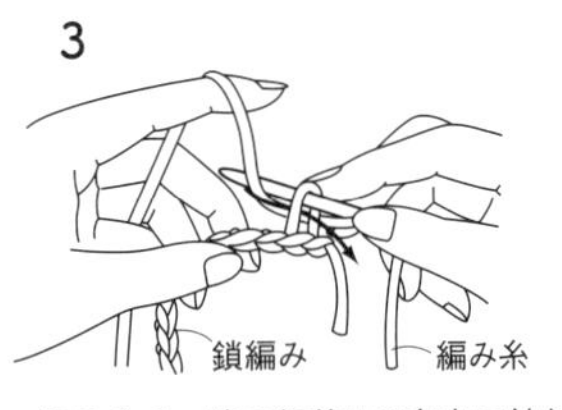

編み糸で、鎖の編終りの裏山に針を入れます

4

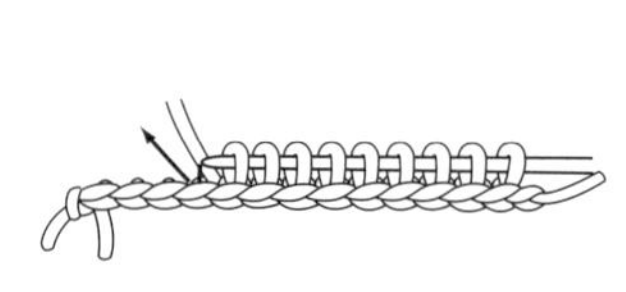

必要数の目を拾っていきます（１段め）

〔 別糸を使った作り目から拾う方法 〕

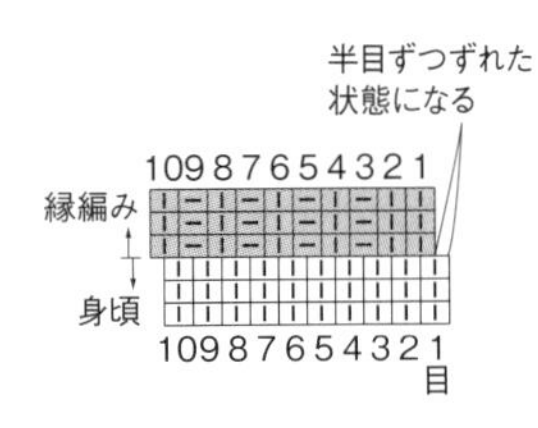

1

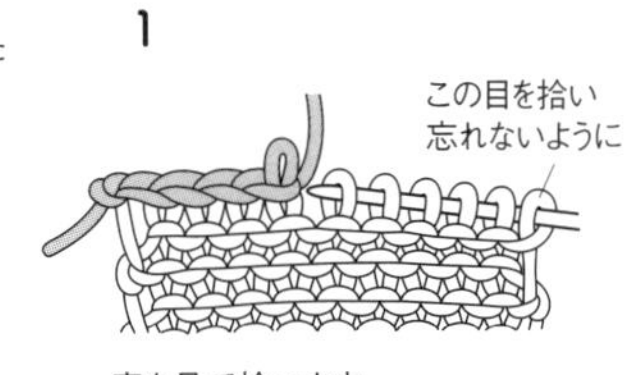

裏を見て拾います

2

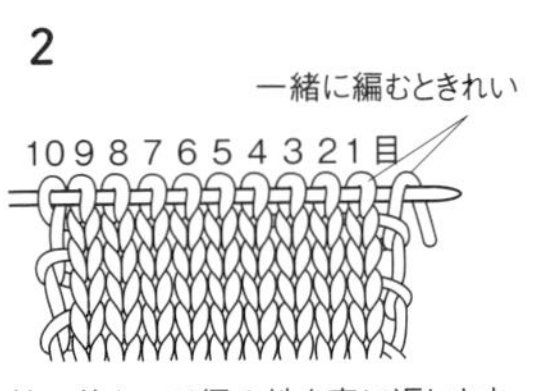

拾い終わって編み地を表に返します

3

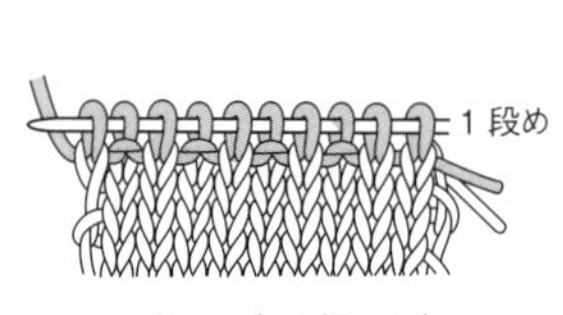

１段め（拾い目）を編みます

〔 巻き目の作り目 〕

右側

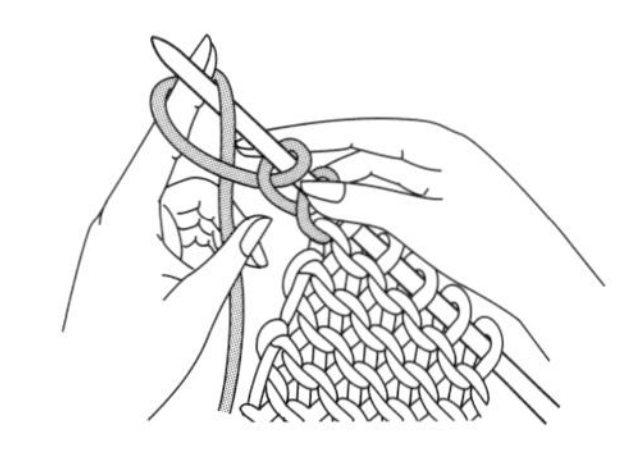

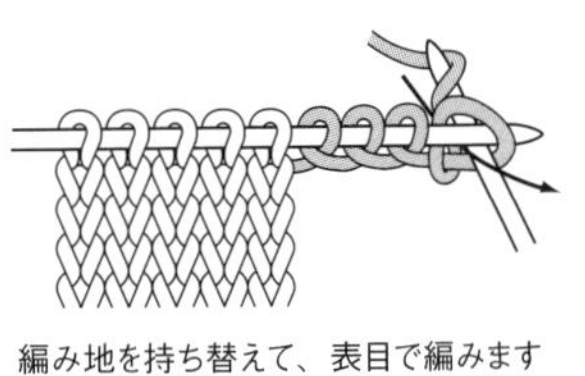

編み地を持ち替えて、表目で編みます

左側

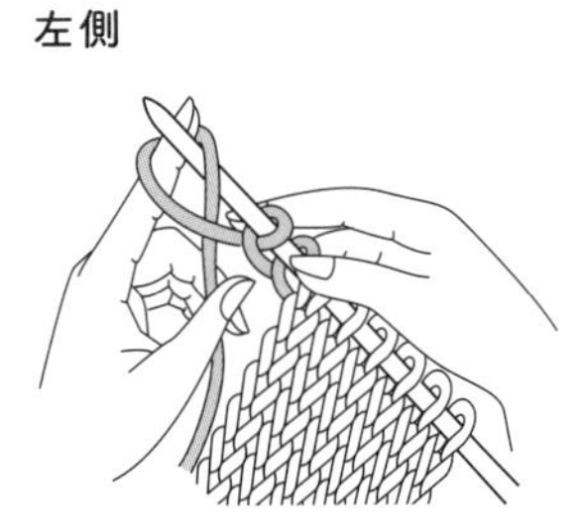

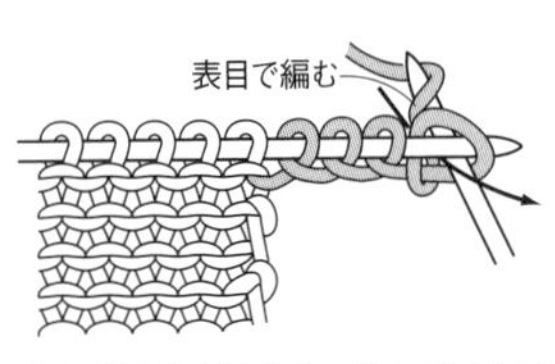

編み地を持ち替えて、端の目は裏目で編めないので表目で編み、次の目から裏目で編みます

| 表目

1
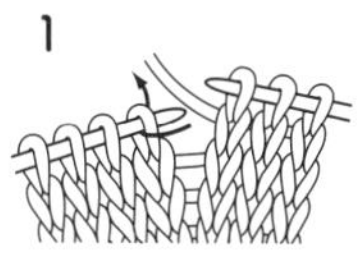
糸を向う側におき、手前から右針を左針の目に入れます

2
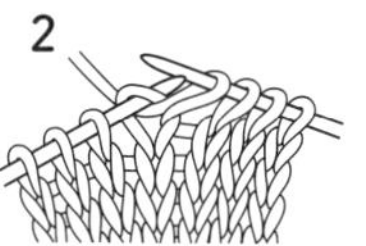
引き出しながら、左針から目をはずします

3
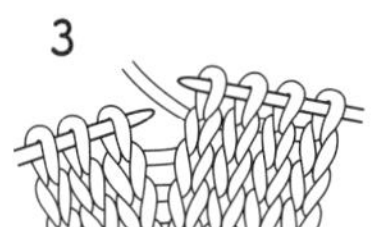

一 裏目

1
糸を手前におき、左針の目の向う側から右針を入れます

2
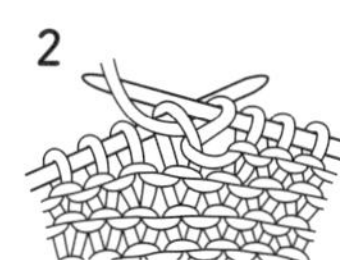
引き出しながら、左針から目をはずします

3
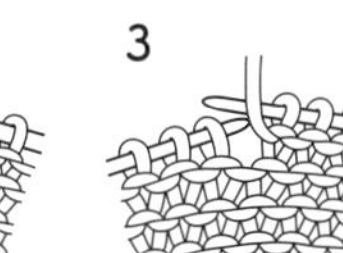

○ かけ目

1
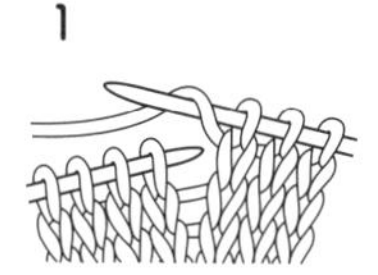
糸を手前からかけます

2
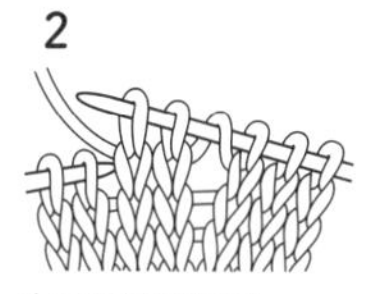
次の目を編みます

3
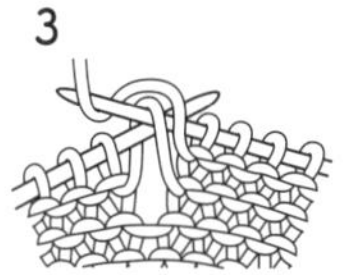
次の段を編むとかけ目のところは穴があき、1目増したことになります

ℓ ねじり目

※裏目のねじり目は 1 を向うから入れて裏目で編みます

1
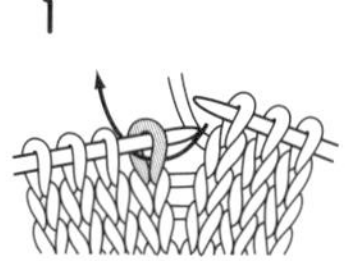
向う側から右針を入れ表目を編みます

2
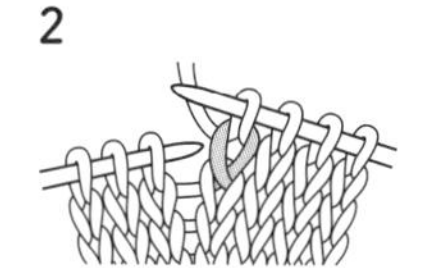
引き出しながら、左針から目をはずします

V すべり目

1
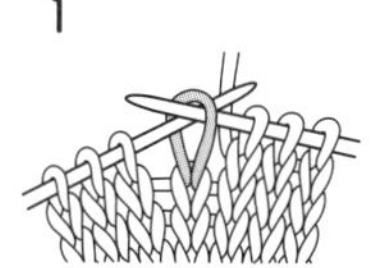
糸を向う側におき、編まずに1目右針に移します

2
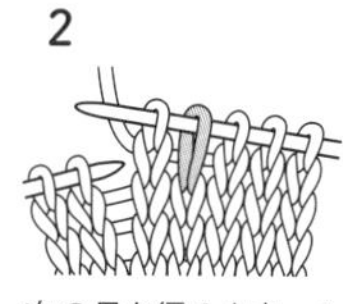
次の目を編みます。1目すべり目

入 右上2目一度

1
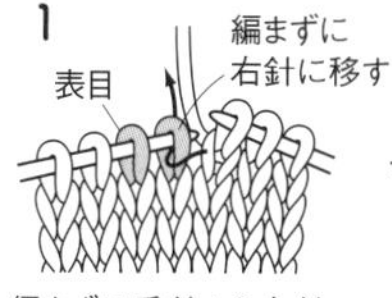

編まずに手前から右針に移します

2
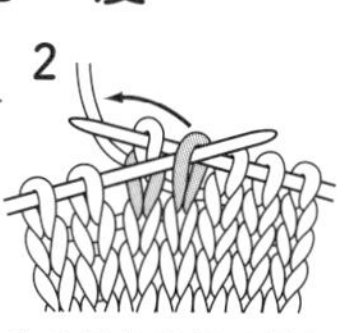
次の目を表目で編んで、移した目を編んだ目にかぶせます

人 左上2目一度

1
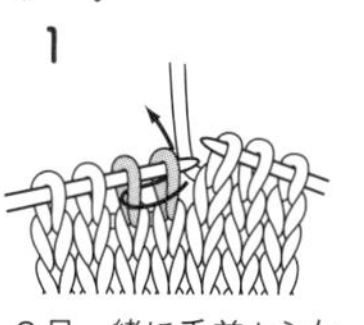
2目一緒に手前から右針を入れます

2
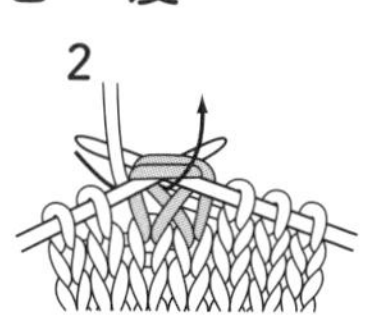
糸をかけて表目で編みます

右上2目一度（裏目）

1
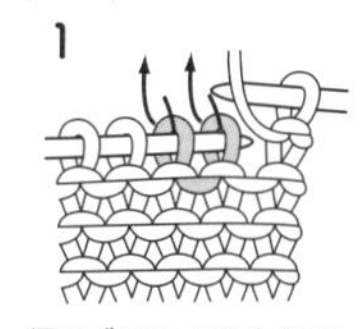
編まずに2目を右針に移します

2
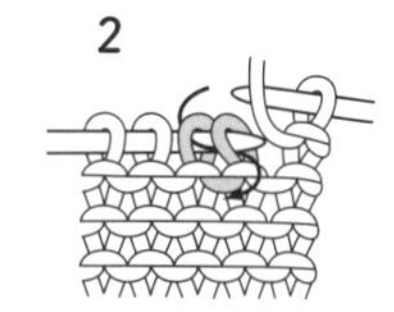
2目一緒に矢印のように右針を入れて、裏目で編みます

左上2目一度（裏目）

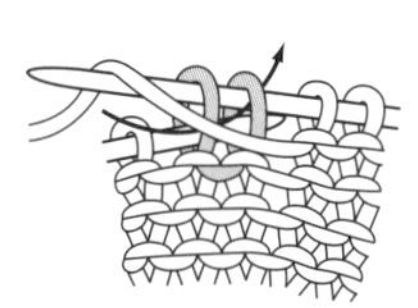
2目一緒に右針を入れて、裏目で編みます

巻き目

1

2
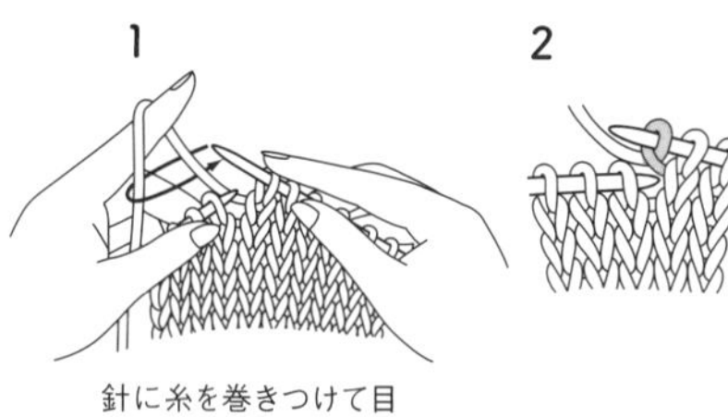
針に糸を巻きつけて目を増します

ℓ ねじり増し目

※裏目のねじり増し目は 2 を向うから入れて裏目で編みます

編始め側

1
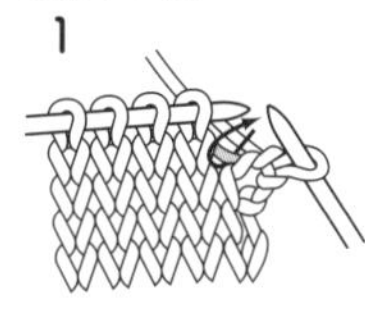
目と目の間の横糸を右針で矢印のようにすくい、左針に移します

2
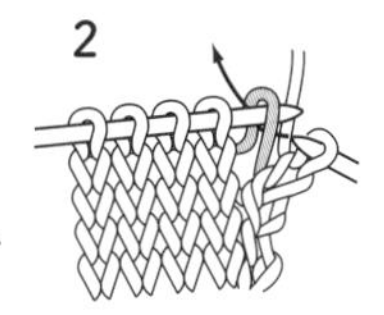
右針を矢印のように入れます

3
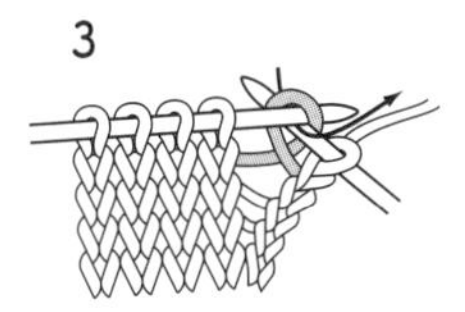
右針に糸をかけて表目を編み、1目増えました

編終り側

1
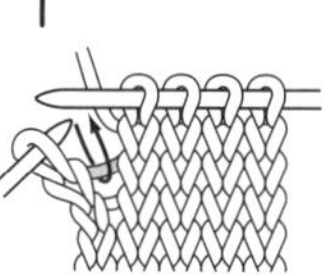
目と目の間の横糸を左針で矢印のようにすくいます

2
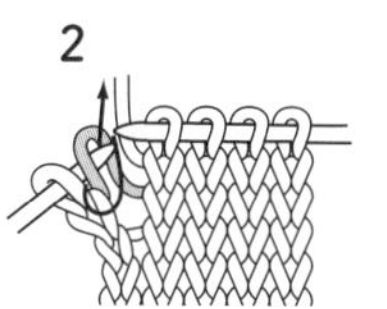
矢印のように右針を入れ、糸をかけて表目を編みます

3
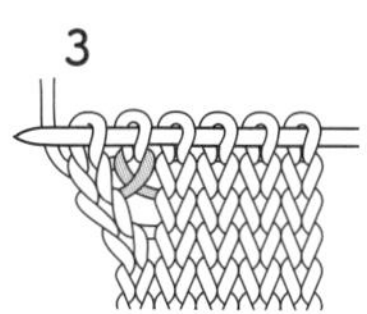
1目増えました

● 伏止め（表目）

1
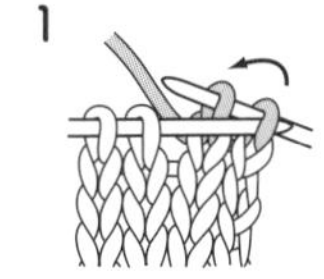
端の2目を表目で編み、1目めを2目めにかぶせます

2
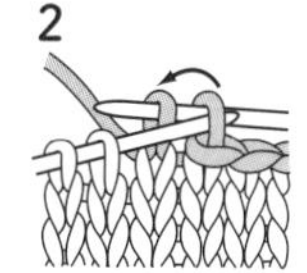
表目で編み、かぶせることを繰り返します

3
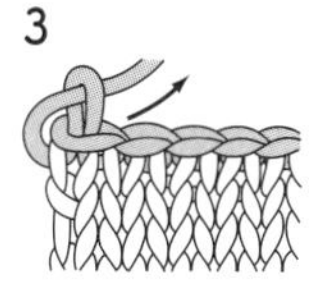
最後の目は引き抜いて糸を締めます

伏止め（裏目）

1
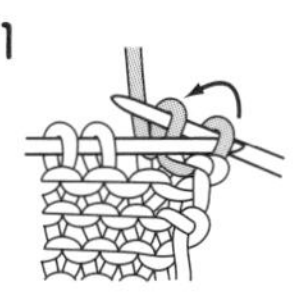
端の2目を裏目で編み、1目めを2目めにかぶせます

2
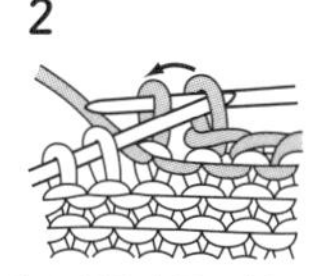
次の目を裏目で編み、かぶせることを繰り返します

3
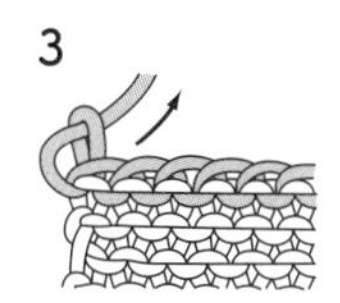
最後の目は引き抜いて糸を締めます

〔 横縞の糸の渡し方 〕

1

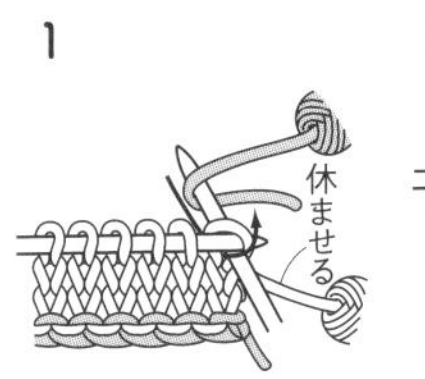

地糸を休ませ、配色糸をつけて編みます

2 3

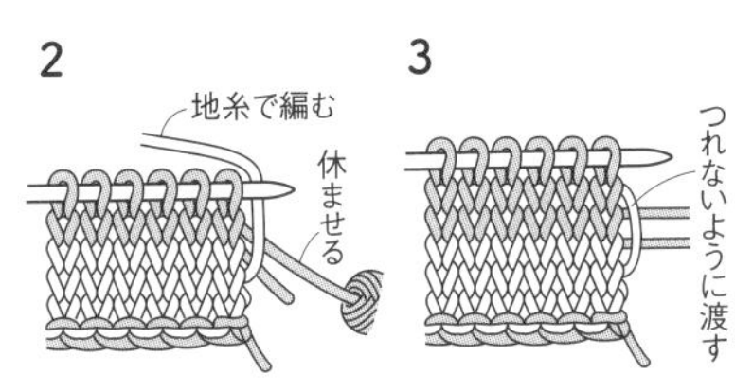

配色糸を休ませ、地糸を手前から渡して編みます

渡り糸がつれないように、糸の引きかげんに注意します

〔 糸を縦に渡す編込み 〕

1

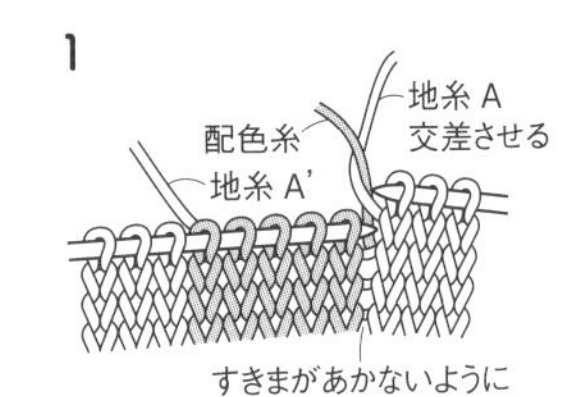

配色糸と地糸を交差させて、すきまがあかないように糸を引きます

2

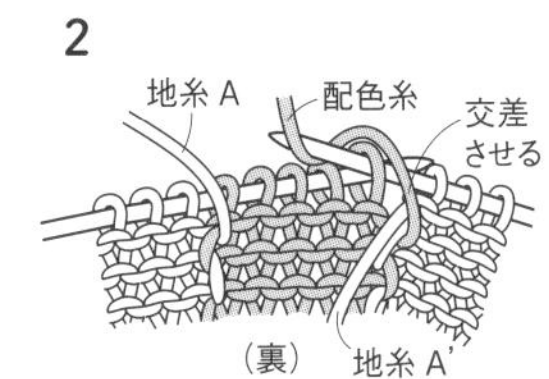

地糸は糸を替えるところで新しい糸玉で編んでいきます

〔 糸を横に渡す編込み 〕

1

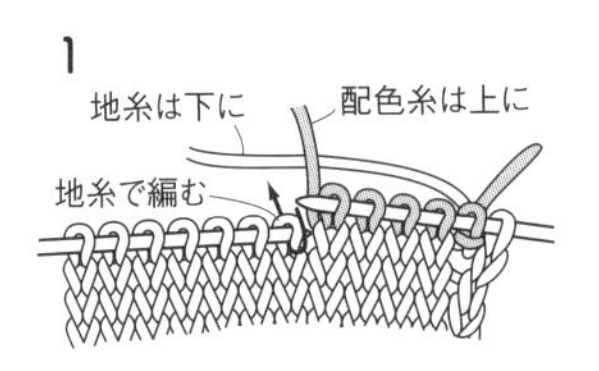

配色糸の編始めは結び玉を作って、右針に通してから編むと目がゆるみません。結び玉は次の段でほどきます

2

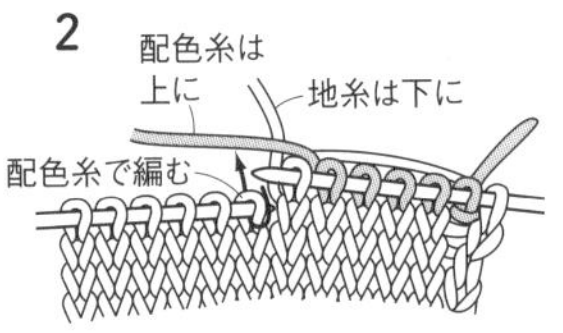

裏に渡る糸は編み地が自然におさまるように渡し、引きすぎないようにします

3

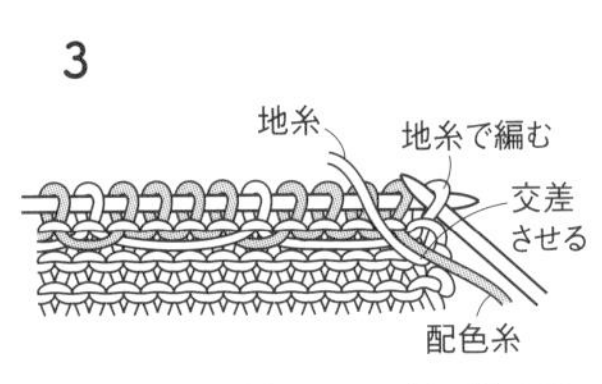

編み地を持ち替えたら、編み端は必ず糸を交差させてから編みます

4

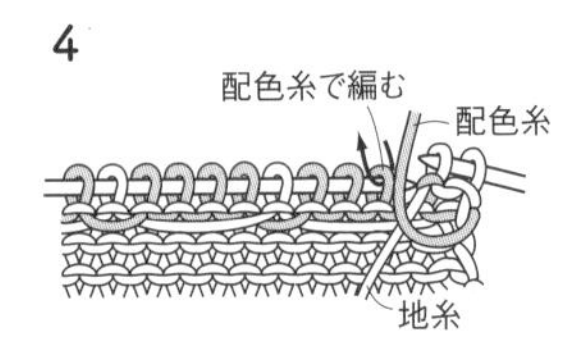

配色糸を地糸の上に置いて編みます。糸の渡し方の上下は、いつも一定にします

〔 編み残す引返し編み 〕

左側

1

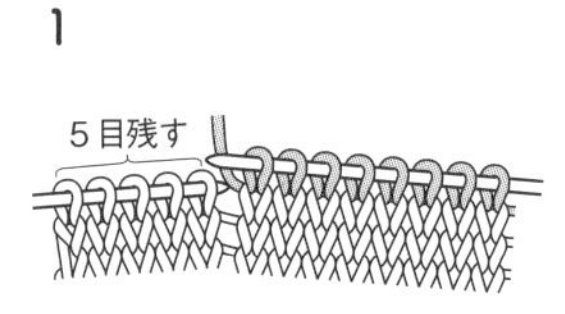

引返し編みの手前まで編みます

2

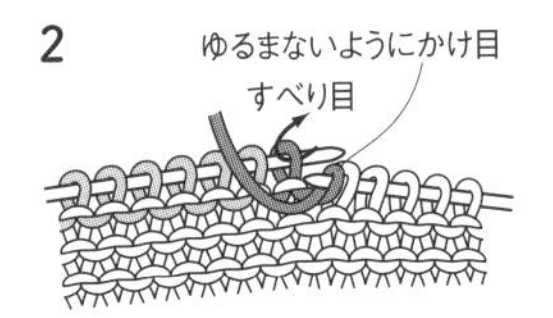

編み地を持ち替えて、かけ目、すべり目をします

3

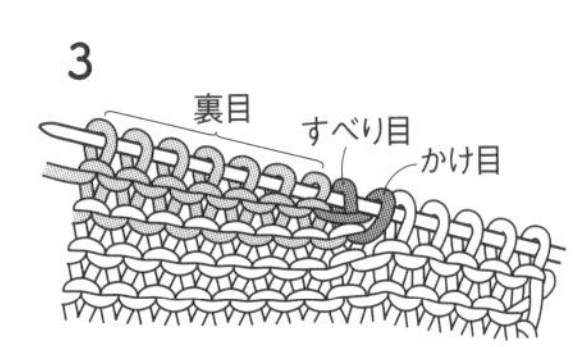

裏目を編みます

右側

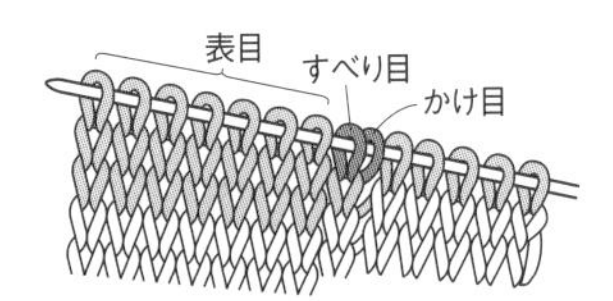

引返し編みの手前まで編みます。編み地を持ち替えて、かけ目、すべり目をします。表目を編みます

〔 段消し 〕

編み残す引返し編みが終わったら、かけ目の処理をしながら１段編みます。これを段消しといいます。
裏目で段消しをするときは、かけ目と次の目を入れ替えて編みます

左側

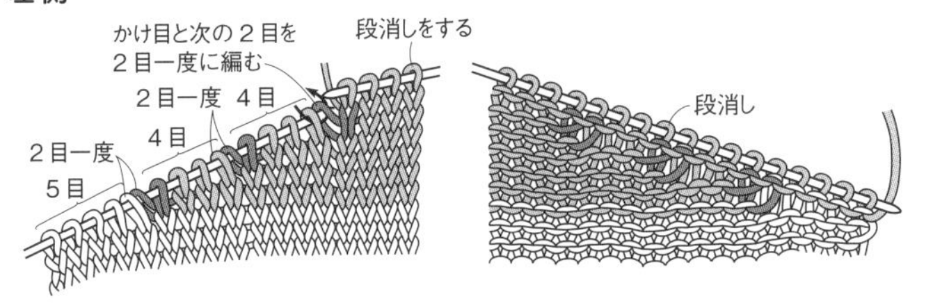

右側

かけ目と次の２目を
入れ替えて
２目一度に編む
段消しをする
入れ替えて
２目一度
４目
入れ替えて
２目一度
４目
５目

〔 左目に通すノット 〕

1

３目めに右針を入れて、矢印のように２目にかぶせます

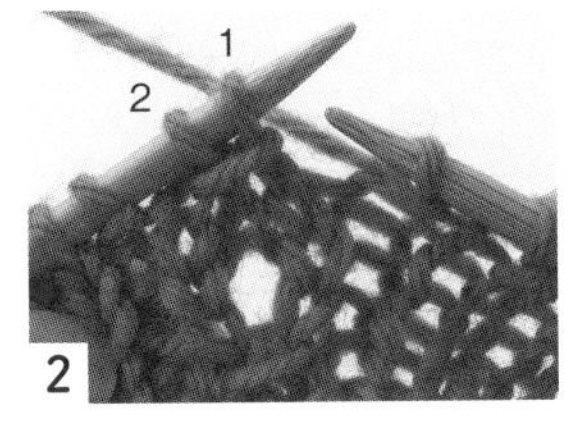

2

かぶせたら、右針をはずします。１の目を表目で編みます

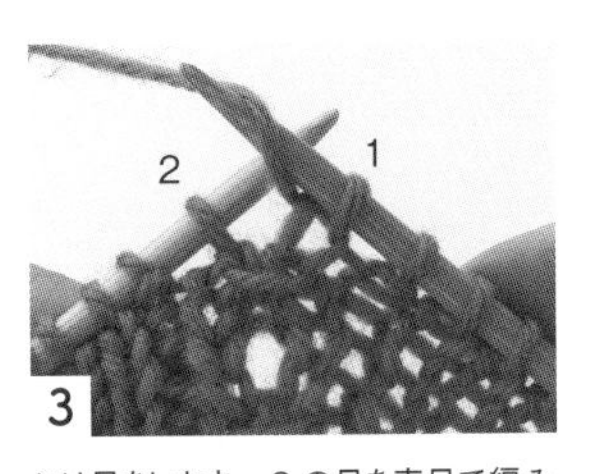

3

かけ目をします。２の目を表目で編みます

4

記号図どおり編みます。左目に通すノットが編めました

〔 輪編みの1目ゴム編み止め 〕

1

1の目を飛ばして2の目の手前から針を入れて抜き、1の目に戻って手前から針を入れ3の目に出します

2
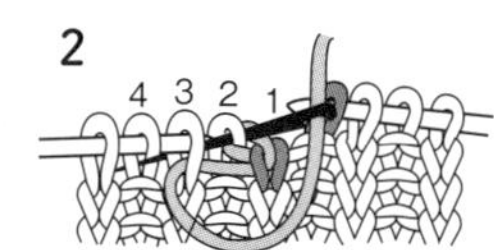

2の目に戻って向うから入れ、4の目の向うへ出します。ここから表目どうし、裏目どうしに針を入れていきます

3
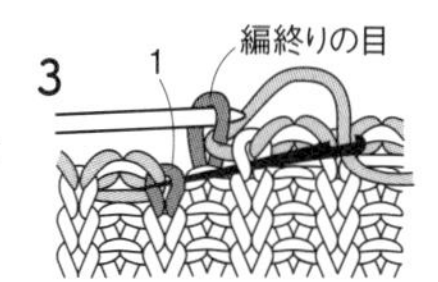

編終り側の表目に手前から針を入れ、1の目に針を出します

4
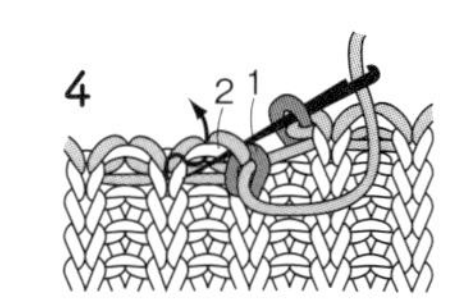

編終りの裏目に向うから針を入れ、図のようにゴム編み止めをした糸をくぐり、さらに矢印のように2の裏目に抜きます

5
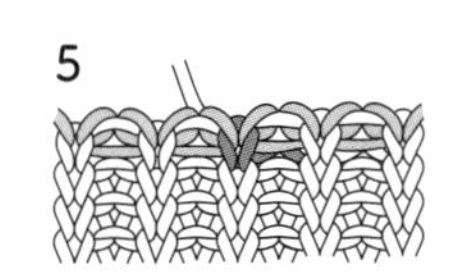
止め終わった状態

〔 1目ゴム編み止め（右端が表目1目、左端が表目2目）〕

1
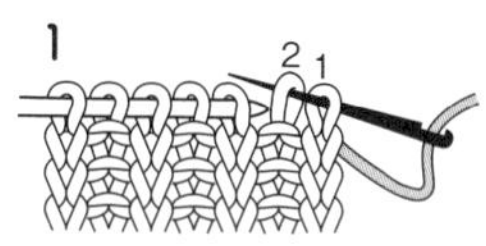

1の目は向う側から、2の目は手前から針を入れます

2
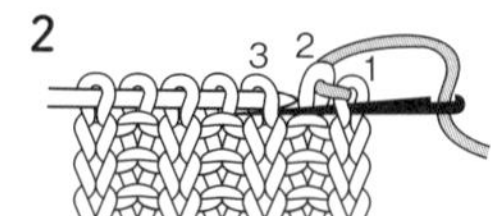

1の目に戻り、ここから表目どうし、裏目どうしに針を入れていきます

3
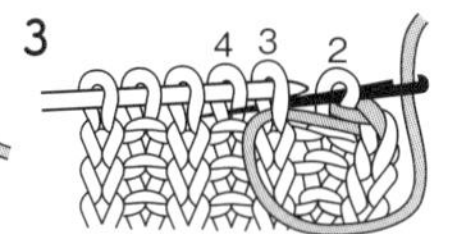

裏目どうしに図のように針を入れます

4

2、3を繰り返し、裏目と左端の表目に図のように針を入れます

5
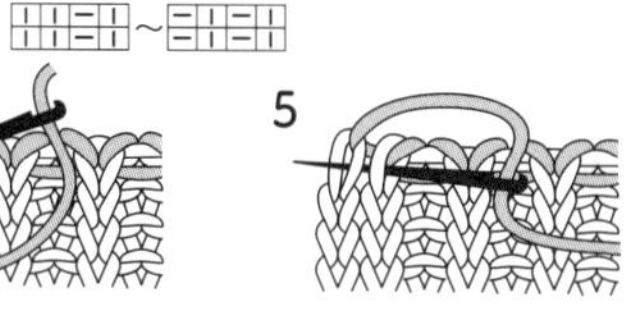
左端の表目2目に図のように針を入れて出します

〔 かぶせはぎ 〕

1
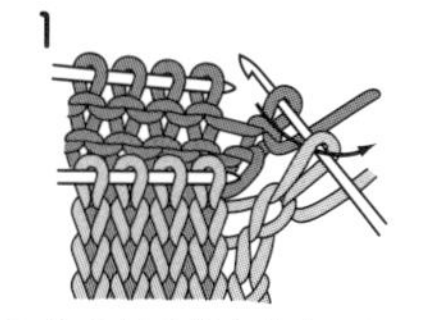
2枚の編み地を中表にして、向う側の端の目を手前の端の目に引き抜きます

2
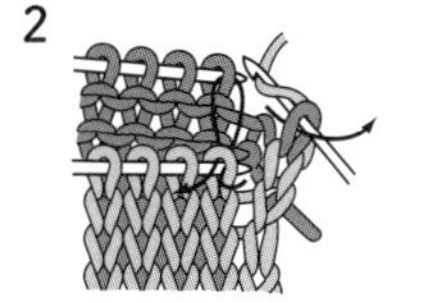
引き抜いた目をさらに引き抜き、次に2目めを1のように引き抜きます

3
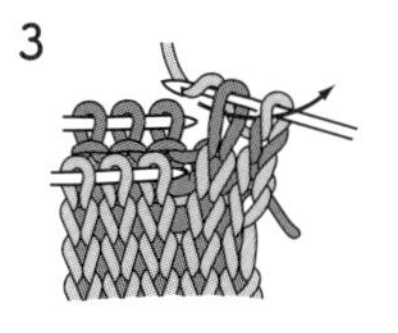
引抜き編みした目と、引き抜いた目を一度に引き抜きます

4
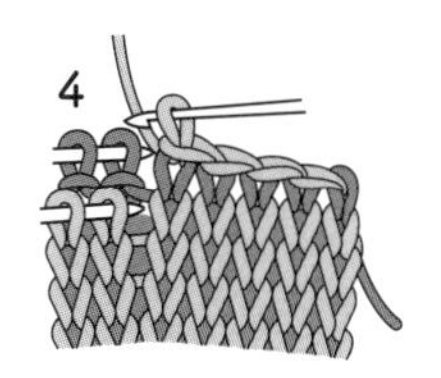
2、3を繰り返します

〔 メリヤスはぎ 〕

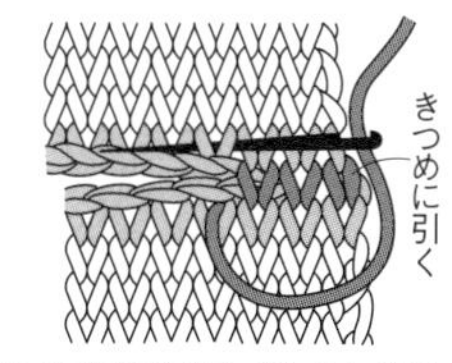

メリヤス目を作りながら合わせていく方法。表を見ながら右から左へはぎ合わせます。下はハの字に、上は逆ハの字に目をすくって、メリヤス目を作りながら進みます

〔 すくいとじ 〕

途中に減し目や増し目があるとき

1
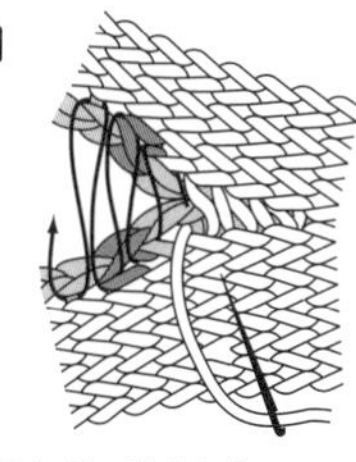
1目内側の横糸を交互にすくいます。減し目したところは、半目ずつずらして針を斜めに入れます

2
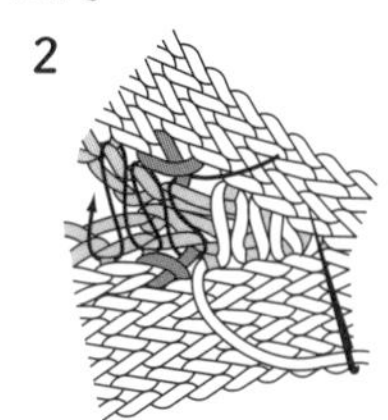
ねじり目をした増し目の足をすくいます

〔 メリヤス刺繍 〕

1
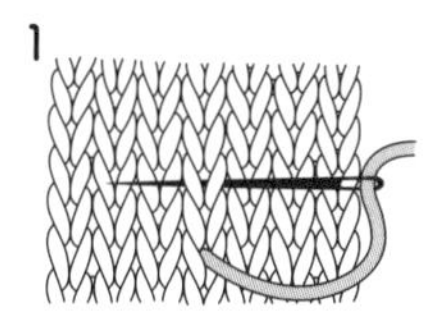
刺す目の下側から糸を出し、上の段の根もとを横にすくいます

2
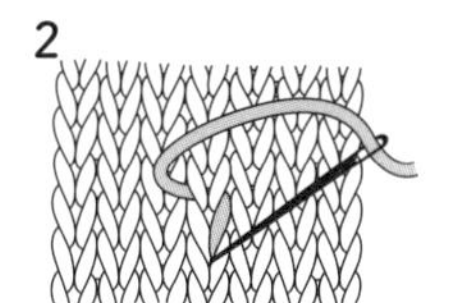
1で出した位置に針を刺します

3
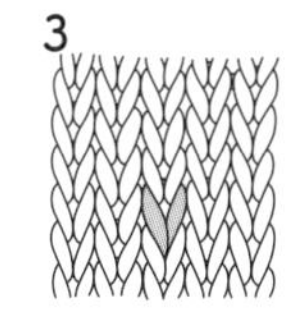
1目刺したところ

かぎ針編み

○ 鎖編み

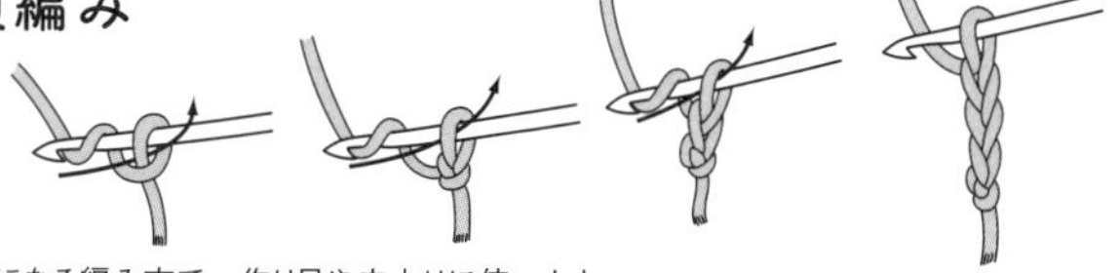
いちばん基本になる編み方で、作り目や立上りに使います

鎖目からの拾い方

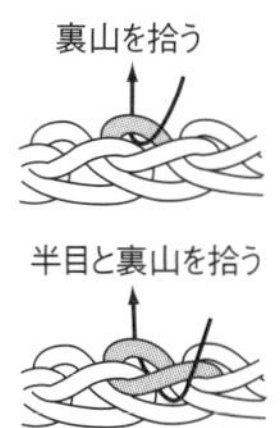

鎖状になっているほうを下に向け、裏側の山に針を入れます

〔 2重の輪の作り目 〕

1
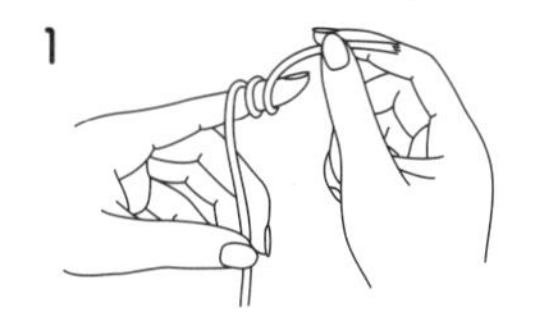
指に糸を2回巻きます

2
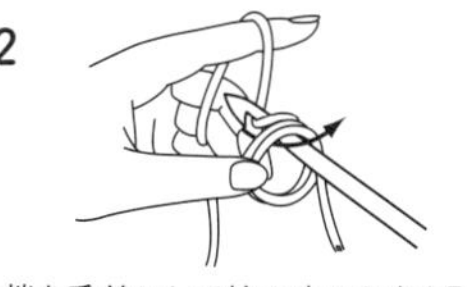
糸端を手前にして輪の中から糸を引き出します

3
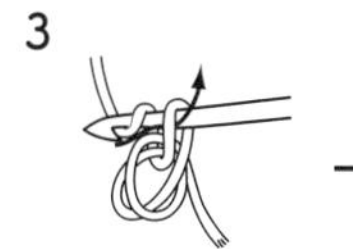
1目編みます。この目は立上りの目の数に入れます

細編み

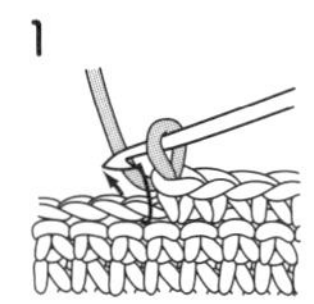
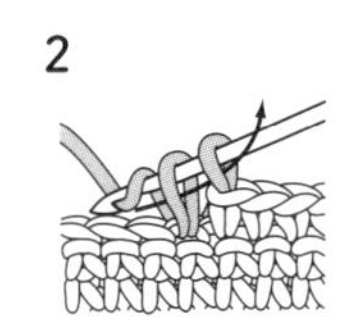
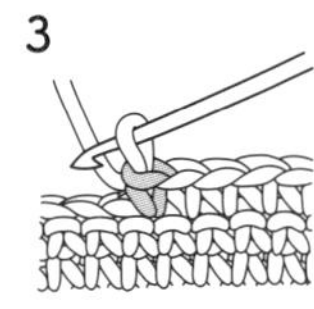

立上りに鎖１目の高さを持つ編み目。針にかかっている２本のループを一度に引き抜きます

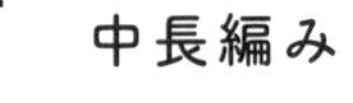

中長編み

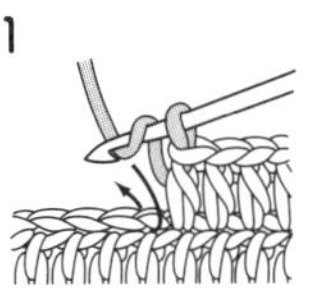
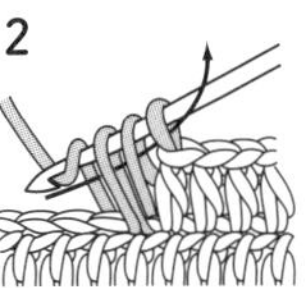
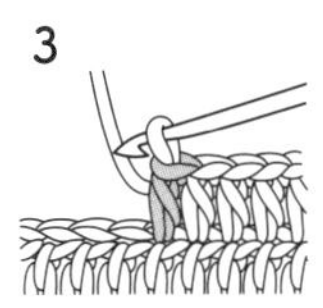

立上りに鎖２目の高さを持つ編み目。針に１回糸をかけ、針にかかっている３本のループを一度に引き抜きます

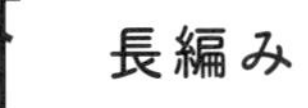

長編み

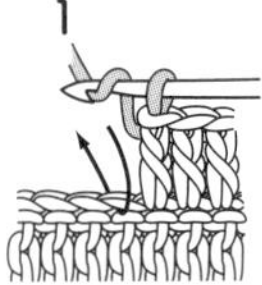
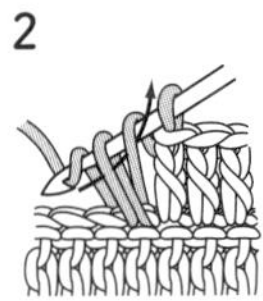
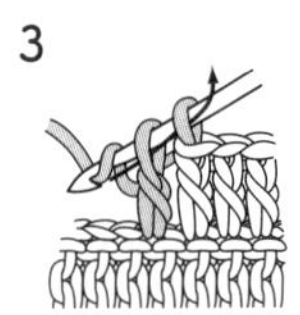
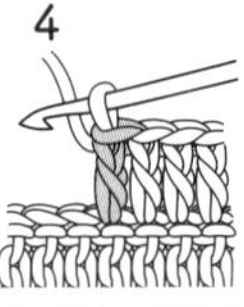

立上りに鎖３目の高さを持つ編み目。針に１回糸をかけ、針にかかっているループを２本ずつ２回で引き抜きます

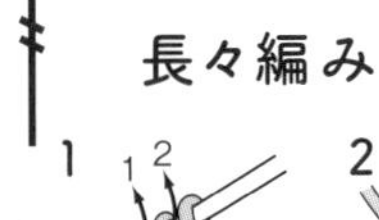

長々編み

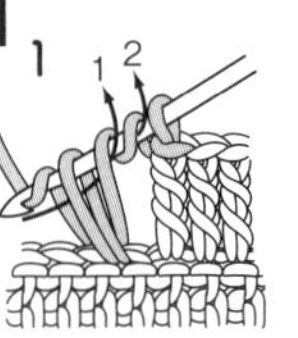
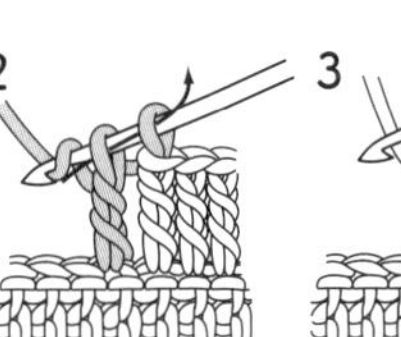
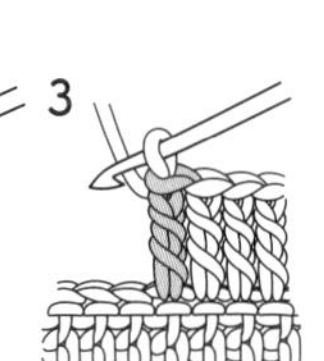

立上りに鎖４目の高さを持つ編み目。針に２回糸をかけて引き出し、針にかかっているループを２本ずつ３回で引き抜きます

細編み２目編み入れる

※長編み３目編み入れるときも同じ要領で編みます

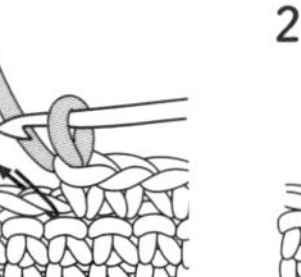
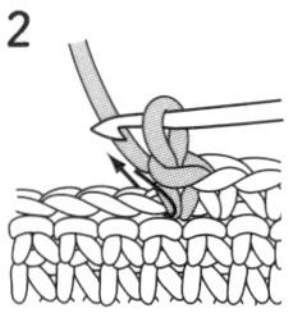
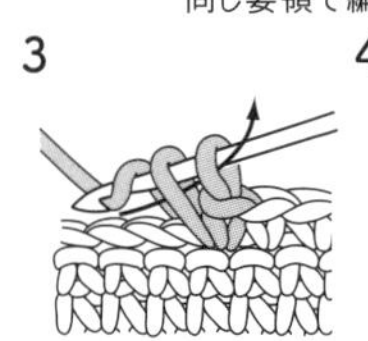
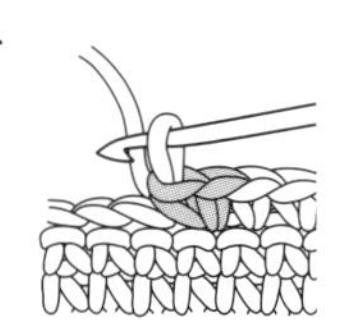

１目に細編み２目編み入れます。１目増します

引抜き編み

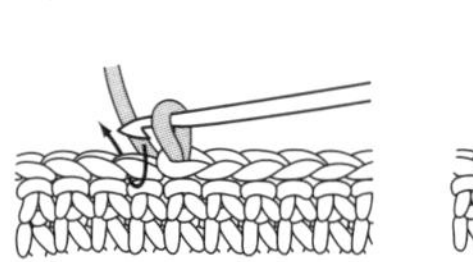
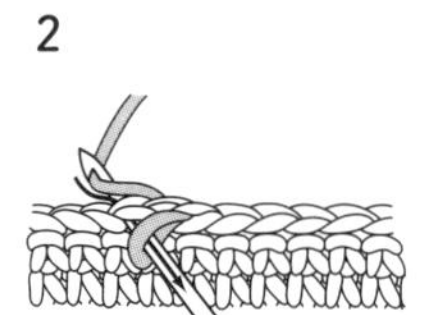

前段の編み目の頭に針を入れ、針に糸をかけて引き抜きます

細編み２目一度

※細編み３目一度のときも同じ要領で編みます

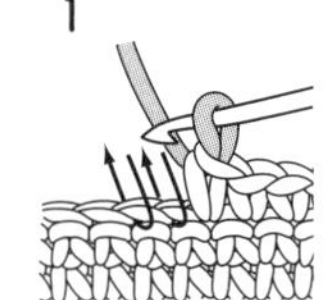
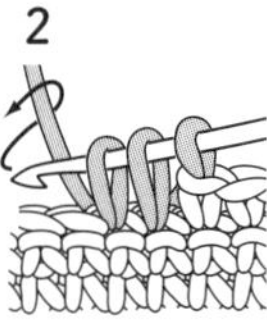
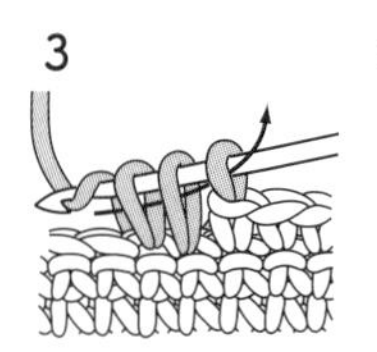
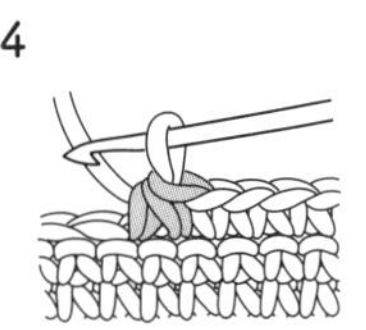

未完成の細編み２目を一度に引き抜いてできる編み目。１目減らします

長編みの表引上げ編み

※細編みの表引上げ編みのときも同じ要領で編みます

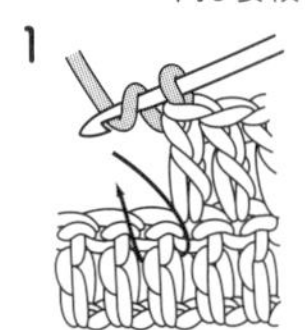

1 前段の長編み１目を手前から拾います

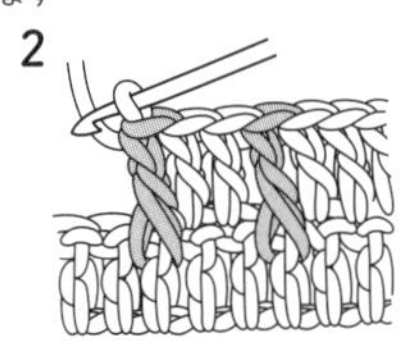

2 長編みの要領で編みます

ピコット（細編みに引き抜く場合）

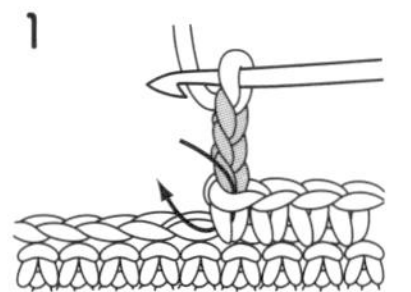

1 鎖３目を編み、細編みに編み入れます

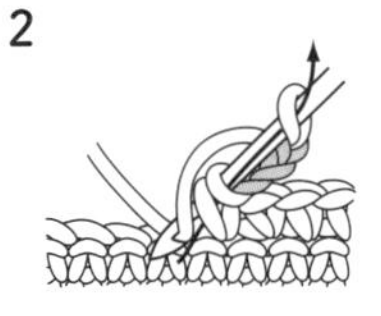

2 針に糸をかけ、針にかかっている３目を引き抜きます

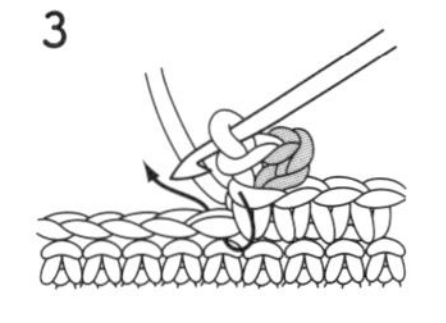

3 次の目に細編みを編みます

〔 巻きかがり 〕

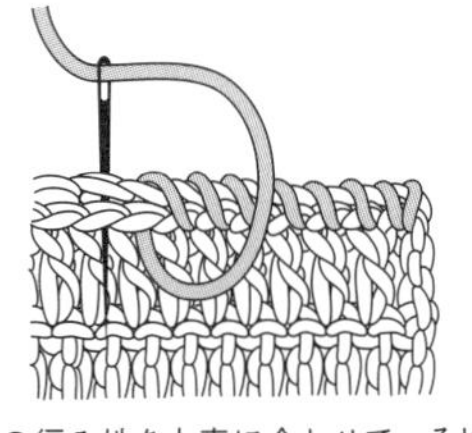

２枚の編み地を中表に合わせて、それぞれ最終段の頭の糸２本ずつに針を入れてかがります。「半目の巻きかがり」は、外表に合わせて向かい合った目の内側の半目ずつに針を入れてかがります

〔 スレッドコード 〕

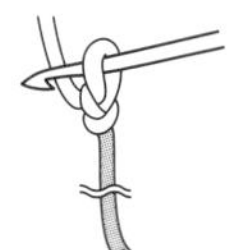
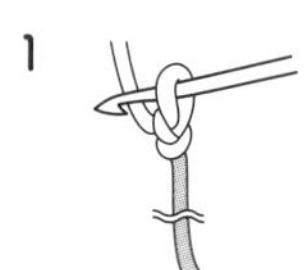

1 糸端を編みたい長さの約３倍残し、鎖編みの作り目（p.94参照）を編みます。糸端をかぎ針の手前から向う側にかけます

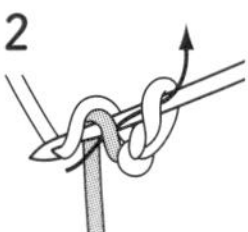

2 針先に糸をかけて糸端も一緒に引き抜きます（鎖編み）

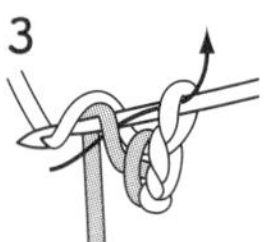

3 １目編めました。次の目も糸端を手前から向う側にかけて一緒に引き抜いて鎖編みを編みます

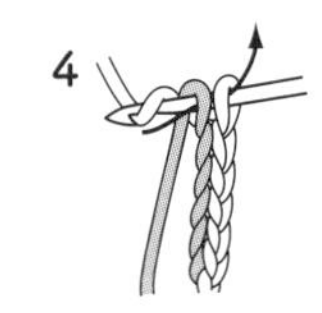

4 繰り返して編み、編終りは鎖目を引き抜きます

デザイン

ひょうどうよしこ　兵頭良之子

東京生れ。幼少のころから洋裁をはじめとする手芸に目覚め、短大卒業後、文化服装学院でカッティング、デザインを学ぶ。卒業後、大手アパレル会社に入社し、デザイナーとして活躍後独立。ニットを中心とした企画を手がける。旅行、散歩が趣味。著書に『ハンドニットのワードローブ』、『ハンドニットでコーディネート』、サイチカとの共著に『二人のワンダフルニット』（すべて文化出版局）がある。

犬のおさんぽニット

2018年12月17日　第1刷発行

著　者　ひょうどうよしこ
発行者　大沼 淳
発行所　学校法人文化学園 文化出版局
〒151-8524 東京都渋谷区代々木3-22-1
TEL. 03-3299-2487（編集）
TEL. 03-3299-2540（営業）
印刷・製本所　株式会社文化カラー印刷

文化出版局のホームページ　http://books.bunka.ac.jp/

ブックデザイン　塚田佳奈（ME&MIRACO）
撮影　南雲保夫
プロセス撮影　安田如水
スタイリング　串尾広枝
ヘア＆メークアップ　上川タカエ（mod's hair）
モデル　芽生
製作協力　Kae　田辺たけこ　土橋満英
矢部久美子　山田加奈子　ユキエ
トレース（基礎）　day studio 大楽里美
DTP　文化フォトタイプ（p.34～95）
校閲　向井雅子
編集　小林奈緒子
三角紗綾子（文化出版局）

〈素材提供〉
DARUMA（横田）
tel.06-6251-2183　http://www.daruma-ito.co.jp/
パピー（ダイドーフォワード）
tel.03-3257-7135　http://www.puppyarn.com/
ハマナカ
tel.075-463-5151　http://hamanaka.co.jp/
◎糸は、廃盤、廃色になることがあります。ご了承ください。
◎材料の表記は2018年11月現在のものです。

〈用具提供〉
クロバー
tel.06-6978-2277（お客様係）　http://www.clover.co.jp/

〈衣装協力〉
ハンズ オブ クリエイション／エイチ・プロダクト・デイリーウエア
tel.03-6427-8867

〈小道具協力〉
AWABEES　tel.03-5786-1600
TITLES　tel.03-6434-0616